脱原発社会を創る30人の提言

池澤夏樹・坂本龍一・池上彰 ほか

コモンズ

メルトダウン後の世界を結《ゆ》い直す——まえがきに代えて

東京電力福島第一原子力発電所の事故は、1号機から3号機まで3基の原子炉がメルトダウン（炉心溶融）して建屋が爆発するという、人類史上初めての大惨事です。原発周辺はもとより、国内外の広範囲にわたって、空気も大地も森も海も、動植物も食べものも、放射能で汚染されてしまいました。しかも、事故から3カ月半が経っても、収束の見通しすら立っていません。

東電のあまりにひどい事故処理に加えて、政府が「ただちに健康への影響はない」などという言い回しで、きちんとした情報を出さなかった結果、多くの人びとが被曝しました。旧ソ連で起きたチェルノブイリ原発事故のケースを見るかぎり、今後、子どもを中心に甲状腺ガンや白血病など放射線障害の多発が予想され、暗澹たる気分になります。

国債や借入金など政府の債務残高は1100兆円を超す巨額に達し、国家破綻の危機も目前です。日本社会は、福島第一原発のように、このままメルトダウンしていくのでしょうか。すべての文明がやがては滅びることは、歴史が証明しています。しかし、日本社会をこのまま滅びに任せるとすれば、環境破壊や第一次産業の衰退を考慮せず、高度経済成長に邁進してきた第二次世界大戦後の人間たちは、あまりに愚かだったと言わざるをえません。

一方で、「禍を転じて福となす」という言葉もあります。この悲惨な事故を契機に、新たな社会、新たな文明を築いていけないでしょうか。いまこそ、メルトダウン後の世界を構想し、脱原発社会を創っていくときです。3・11を希望に向かう転換点にしたいし、そうしなければならないと強く思います。

諸外国の動きは迅速です。ドイツは早々に政策転換して脱原発に舵を切り、2022年までに国内に17基ある原発の全廃を決めました。原発再開の是非を問うたイタリアの国民投票（6月12〜13日）でも、再開反対が9割を超えています。また、朝日新聞が事故から3カ月の節目に実施した世論調査では、「原発を段階的に減らし、将来は、やめること」に賛成の回答が74％にのぼりました。日本でも遅ればせながら、脱原発が国民の大勢になりつつあるといえるでしょう。

そうした状況のなかで、これからの脱原発社会をどのように創っていくのか、各界各層のトップランナーの方々30人に提言していただいたのが本書です。この夏以降、国民的な論議を活発に行っていく際に、ぜひ叩き台として使ってほしいと願っています。

日本でもっとも忙しいジャーナリストである池上彰さんは、得意の「伝える力」で脱原発のリアリティを明快に解説してくださいました。音楽家の坂本龍一さんは、海外コンサートツアーの最中にもかかわらず寄稿を快諾。ニューヨークから電話で語り下ろしてくださいました。

今回の原発事故がどういうものだったかと、原子力という技術の本質的問題点については、小出裕章さんや原子炉格納容器の設計者だった後藤政志さんの論稿を読むと、全体像が理解できます。また、原発がなくても電気が不足しないこと、脱原発後にどのようなエネルギー政策を採るべきかについては、田中優さんと飯田哲也さんという二人の論客が、きわめて説得的に展開しています。

ソフトバンク社長の孫正義さんのように、これまで原発を容認してきた企業経営者のなかからも、脱原発の動きが生まれてきました。本書では、城南信用金庫理事長の吉原毅さんが、地域を守るためには原発を止めることを訴えていかなければならないと考えるに至った経緯と自社の取り組みを、明快に述べています。また、脱原発への動きがもっとも遅い政界からは、農水副大臣の篠原孝さんと世田谷区長の保坂展人さんという責任ある立場の二人が、政策転換に向けた考え方と政策を論じてくださいました。

いま大切なのは、それぞれがじっくりと時間をかけて考え、意見の異なる人たちと大いに議論し、思考を深めていくことだと思います。このプロセスを経ずに、何となく脱原発を選択したり、いきなり国民投票で決したりしても、本質的なものにはならないでしょう。社会学者の上野千鶴子さんが釘を刺しているように、自治や参加という私たちの決定のプロセス、民主主義そのもののありようが改めて問われているのです。

そして、原子力から自然エネルギーへと単にエネルギー政策を転換すればよいのではありません。エネルギーシフトという技術的な問題に矮小化するのではなく、原子力に象徴される科学技術や文明のあり方、社会の仕組み、何より私たちの生き方や暮らしについて、立ち止まって、よくよく考えてみる必要があります。原発に象徴される大規模集中型社会から多様な再生可能エネルギーによる小規模分散型社会へ、経済成長優先社会から脱成長社会への転換は、必須でしょう。

作家やアーティストは想像力が肝です。冒頭の「昔、原発というものがあった」では、池澤夏樹さんが「進む方向を変えよう」と提起。坂本龍一さんは7世代後のことを、日比野克彦さんは千年後のことを考えよう、と呼びかけています。さらに、大地を守る会の藤田和芳さんは「日本社会がこれまでとは違う価値観におおわれた新しい社会に生まれ変わらなければならない」と述べました。そのとき非常に重要なのは、何人もの筆者が長年の実践や自らの生き方をとおして強調しているように、いのちを守り育てる第一次産業の復権、とりわけ有機農業の広がりです。

出版社コモンズは、知のコモンズ(共有地)、つまり「共有知」として本を世に出す活動を展開してきました。ひとりでも多くの人たちが本書を読んで学び、考え、議論を重ねる。そのうえで、原発をどうするか、エネルギーをどうするか、この社会と文明をどうするか、人間の暮らしや生き方をどうするかを考え、生き方を選び取り、変えていく。そのための共有知として、本書が幅広く読まれ、活用されることを切望してやみません。

２０１１年７月１日

コモンズ代表　大江　正章

脱原発社会を創る30人の提言　もくじ

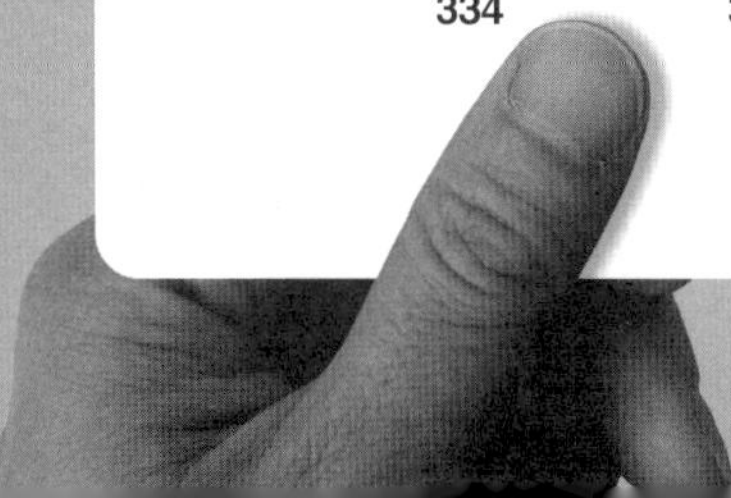

提言／01

昔、原発というものがあった

池《いけ》澤《ざわ》夏《なつ》樹《き》
作家・詩人

1945年、北海道帯広市に生まれる。埼玉大学理工学部物理学科中退。1975年から３年間ギリシャに暮らす。1988年に『スティル・ライフ』(中公文庫、1991年)で芥川賞を受賞。1994年に沖縄に移り、2004年から５年間はフランスに暮らした。おもな長篇に、『真昼のプリニウス』(中公文庫、1993年)、『すばらしい新世界』(中公文庫、2003年)、『カデナ』(新潮社、2009年)、『光の指で触れよ』(中公文庫、2011年)など。評論に『楽しい終末』(文春文庫、1997年)、旅行記に『イラクの小さな橋を渡って』(光文社文庫、2006年)など。公式サイト：http://www.impala.jp/

1　人間の手には負えない原子力

地震と津波は天災だったが、原発は人災である。

しかし、それは、たまたま福島第一原子力発電所が設計と運転において杜撰《ずさん》でいい加減で無責任だったからではない。それはそれで追究されるべきだが、本当の原因はもっとずっと深いところにあるとぼくは考える。

結論を先に言えば、原子力は人間の手には負えないのだ。フクシマはそれを最悪の形で証明した。もっと早く気づいて手を引いていればこんなことにはならなかった。エネルギー源として原子力を使うのを止めなければならない。稼働中の原子炉はなるべく速やかに停止し、廃棄する。新設はもちろん認めない。それでも残る厖大な量の放射性廃棄物の保存に、われわれはこれから何十年も、ひょっとしたら何百年も、苦しむことだろう。

2　再生可能エネルギーの将来性

では、原子力が担ってきた分のエネルギーをどこに求めるか？　まず最初にそれを考えてみよう。

これは未来図を描く試みであり、どの距離の未来を構想するかで話は変わってくる。はるかに遠い時代の夢物語ならば、どんなことでも言える。かと言って、本当に近いこの夏の電力事情となると現実的な制約が多すぎる。その間のどこかに、この時点で見て（というのは、福島第一がまだ安定にほど遠く、広い範囲に放射性降下物《フォールアウト》が散って人々の不安が募る今ということだが）、ある程度まで具体性のある図が描けないかということだ。

化石エネルギーが温暖化を引き起こすとすれば、そちらへの依存を今から増やすのは得策でない。石油生産はピークを越えたと言われているし、石炭や天然ガスも当面はともかく長い目で見れば、燃やさない方がいいだろう。深海のメタン・ハイドレートは、今はまだ未知の領域にある。

注目されるのは再生可能エネルギーだが、本当に将来性があるのだろうか。風力、太陽光、太陽熱、水力、潮汐、波浪、海洋温度差、地熱……こういうものの上に文明は築けるものか。それはセンティメンタルな夢想に過ぎない、と主張する人々がいる。

今もっとも現実的な話の出発点として、この4月に環境省が発表した「国内の再生可能エネルギーの導入可能量」を見てみよう。そこには4億9150万kWという数字があった。現在の日本の発電量はおよそ2億kWである。その二倍を大きく上回る量が作れるというのだ。

詳しい内訳には立ち入らないが、風力だけでも4億kWを超える。それだけの風がこの列島には吹いているということだ。それを汲み出すには風車を立てればいい。

† †

数年前、構想している小説の中で風力発電を扱うことになり、岩手県の葛巻《くずまき》町に取材に行った。ここは第三セクターの事業で確実に黒字を出しているというので広く知られたところで、その事業の一つが風力発電なのだ。内陸部にあって、周囲を山に囲まれた盆地。その山の尾根に全部で15基の風車が立っている。総出力は2万4600kW。年間5400万kW時。町で使う電力のほぼ倍を生み出して、余剰分を東北電力に売っている。

先日、葛巻町を再訪して、以前にもインタビューした元町長の中村哲雄さんにもう一度話を聞いた。知りたかったのは、なぜ15基かというところだ。風況と地形という条件からならば100基でも立てられる、と中村さんは言う。それをしないできたのは、電力会社が買ってくれないからだ。買い取り量の上限が決められたRPS法（新エネルギー利用特別措置法）ではなく、ドイツのように固定価格で全量買い取りという制度であれば、風力発電は速やかに広く全国に普及するはずだ。

これもまた政策の問題だった。太陽光にしても、日本政府はなぜか2005年にいきなり補助金制度を打ち切った。それまで世界一だった日本の太陽電池の生産量は下位に転落した。2009年1月に補助金は復活したが、この間のロスの影響はまだ大きい。

†　†

再生可能エネルギーに反対する論はいろいろある。

いちばんの問題は、供給の不安定ということ。風まかせという言葉があるとおり、風というのは当てにならないもので、それは人類が19世紀に帆船と汽船の性能の差として実感したところだ。同じような難点は太陽光などにもある。晴れるか曇るかで供給量が大きく変わる。お天気まかせになってしまう。

これに対する方策は二つ考えられる――

第一は電力網をずっと広範囲のものにすること。日本全体を一つのネットワークで結んで供給と需要の平均化を図る。数年前からアメリカはスマートグリッドというコンセプトを具体化して、電力の生産と消費の地域的な偏りを是正し、互いに融通しあう大きなシステムを構築してきた。日本でそういう計画が提案されなかったのは、日本の電力事業が地域ごとの独占を基本方針としてきたからで、その弊害を東京電力管内の住民は「計画停電」で嫌というほど味わっただろう。北海道電力はあの時も余力があったけれど、青函海峡をくぐる送電線は60万kWの容量しかない。送りたくても送れないのだ。電力会社はそういう仕組みをあえて選んで作っていた。

きちんと作られたスマートグリッドは、供給側だけでなく需要側からも情報を吸い上げる。これは最近のコンピューター・ネットワークの発達で可能になったことであって、どこで誰がどれだけの電力を使っているかだけでなく、それはどれほど必要であるか、言い換えればどこまで値を上げても買ってくれるか、というところまで解析したうえで分配を管理できる。

幸いなことに日本は南北にも東西にも細く長く、地域ごとの気象が大きく異なる。こちらが凪の時も、あちらでは強風が吹きつのっている。地域独占が解体されて長距離の送電が可能になれば、広い範囲で融通しあうことができる。

第二は蓄電の技術。これまで電力は貯めておけないと言われてきたが、最近はそうでもないのだ。もともと原発は出力を落とすことがむずかしい。電力会社が意気込んで深夜電力を売り込んだ背景には、この問題があった。高い位置に造った貯水池に余剰電力で水を押し上げておいて、需要がある時に水力発電で電力を得る揚水発電所などは、この対策の一つである。

しかし最近の蓄電池の性能向上は別種の蓄電施設を可能にした。この方面への自動車業界の貢献は大きい。石油の枯渇を近い将来に見た彼らは、早い段階から別のエネルギー源へのシフトを模索していた。その成果が性能のよい電池を積んだハイブリッドの車であり、さらにはまったく内燃機関に依らない電気自動車の実用化である。これで、高性能の蓄電池のコストが格段に下がった。これからは風力発電機は蓄電施設とセットで造られるだろうし、送電網の中継点にも大規模な設備が用意されるだろう。車庫に入れた自分の車がそのまま家庭サイズの予備電源になる。

それでも、産業界は安定供給を求める。

もともと日本の電気は過剰品質だと言われてきた。1秒の何分の一かの「瞬断」まで含めて停電が少ないだけでなく、電圧と周波数が安定している。今、ＩＴ機器のデバイスの製造に使われる銅箔は、世界市場において日本の１００％独占であるという。その理由が電気の質で、これが保証されないと品質が保てないのだそうだ。そういう業界は少なくないらしい。だが、それほどの高品質を求めるならば、その工場にだけガスタービンなどの自家発電装置を用意すればいい。コストが上がるだろうが、いいものが高いのは当たり前ではないか。何も日本中に格別に純度の高い電気を配ることはない。実際、自前の発電施設を持つ工場は増えている。

3　手の届く範囲にある技術

話の現実感を裏付けるために具体的な事例を並べてみた。それぞれに対して異論があるかもしれない。実際には環境省の出した数字を実現するのは決して容易なことではないだろう。

しかし、それらは基本的にはわれわれの手の届く範囲にある技術である。風力発電について言えば、あれはただの風車だ。風が強いところに風車を立てて発電機につなぐ。根本的な困難は何もない。経験を積んで機器が改良され、さらに材料工学の発達で効率が上がる。かつて風車につながる発電機はブレードの回転数と送り出す電力の周波数を合わせるために減速用のギアを組み込んでいたが、多極化された発電機を用意することでギアは不要になり、その分だけ騒音が減った。簡素化で故障率も下がったはずだ。10年前には５００kWが標準だったが、今では２５００kWも実用化されている。低周波騒音や電波障害、バードストライク（鳥の衝突）などの問題点にも、解決の途があるのではないか。

まだ実験プラントさえ試みられていない海洋温度差発電にしても、原理的な困難はないように思える。アンモニアを媒体にして、水温の高い海の表面近くでガス化してタービンを回し、水温の低い深海へ送って液体に戻す。エネルギー源としては無限と言っていい。沖合はるかに浮かべるので、陸上の人間の生活とは干渉しない。作られた電力を送電線で送れないというのなら、海水の電気分解で水素を作ってそれをタンカーで運ぶこともできる。この方法は、オフショア（沖合展開）のフロート型巨大風力発電基地構想でも提案されている。

ＳＦの中の話と聞こえるかもしれない。その先の判断は個々人の工学的なセンスの問題になるが、ぼくは楽観的に案外実現可能と思っている。海洋温度差発電で深海と海面に浮いたプラントを結ぶアンモニアの配管にしなやかなカーボン・ナノチューブを素材として使うのは、決して夢想ではないだろう。ダイオウイカの腕足と間違えてマッコウクジラが齧ったらどうなるか、興味ぶかい研究テーマだ。

４　原子力への警戒

１９４５年に生まれたぼくは、科学と技術で生活環境がどんどん変わる時代を生きてきた。子どもの時、身辺にあった大型テクノロジーは鉄道だけだった。ぼくは汽車に憧れ、夢中になった。５歳のぼくにとって駅で見る蒸気機関車はほとんど神様のような存在だった。

それから今までずっと、科学と技術が次々に提供するものを受け入れ、それを享受しながら暮らしてきた。ラジオとテレビ、新幹線、マイカーと高速道路、冷凍食品、ワープロとパソコンとインターネットとケータイ……子どもの時には夢想もしなかったものばかりだ。この種のリストはいくらでも続くだろうし、今後も拡充されるだろう。

ぼくが再生可能なエネルギーの未来に対して楽観的なのは、こんな風にテクノロジーが提供するものを受け入れてきた世代だからかもしれない。

そういうことすべての土台としてエネルギーがあった。

電力について言えば、戦後しばらくは水力と石炭による火力が主流だった。石炭ならば国内でもまかなえた。それが輸入の石油に換わり、そこに原子力が加わった。

途中から加わった原子力について、どこまでぼくは信用していただろうか？

ぼくが生まれて1カ月ほど後で、広島と長崎に原爆が落ちた。ぼくが8歳の時、アメリカがビキニ環礁で行った水爆の実験で日本の漁船第五福竜丸が被曝し、久保山愛吉さんが亡くなった（その時、危険とされて立ち入りが禁止されていた海域の外にいた第五福竜丸の乗組員は水爆の強烈な光を目撃し、降ってくる灰が船体に積もるのを見た。しかし、彼らはこの異変を無線で日本に知らせることなく、沈黙のうちに帰港を急いだ。自分たちの船が被曝したことがアメリカ側に知られれば撃沈されて歴史から抹殺される。それが第二次大戦で戦った記憶のある乗組員たちの判断だった）。

その後、他の漁船から搬入された大量のマグロが放射能を帯びていることがわかり、人の口に入ることなく、たしか築地市場のどこかに埋められたはずだ。

あるいは、小学校で上映された原爆や残留放射性物質の効果についてのドキュメンタリー映画。恐ろしいものをいろいろ見せられ、ナレーションを担当した徳川夢声の「……マイクロマイクロキュリー」という放射線量を伝える声を聞いたことを、ぼくは今でも覚えている。

これがぼくの世代と原子力の出会いだった。だから、1960年代になって原子力が希望の衣装をまとって再登場した時にまず警戒したのかもしれない。そう反応をした人は少なくなかったが、推進する側はそれを核アレルギーと呼んだ。一般にアレルギーとは、外部から入ってくるものに対する身体の過剰反応を言う。そしてぼくは今、自分の反応が過剰だったとは思っていない。

大学で物理を勉強した後でも、原子力に対するぼくの姿勢は変わらなかった。科学では真理の探究が優先するが、工学には最初から目的がある。この二つはきっちり分けられなければならない。原爆を開発したマンハッタン計画について、科学者は探求を止められなかったという弁明が後になされた。だが、原爆は科学ではなく工学の産物である。科学はそれに手を貸したにすぎない。彼らは10万人の人間を殺す道具を、それと承知で作ったのだ。

作家になって間もなく、ぼくは東海村の原子力発電所を見学に行った。その時に書いた文章を少し引用する――

ディーゼル・エンジンは二十四時間ずっと燃料となる重油を外から供給し続けてやらなくては動かないが、原子炉の方は年に一度の補給だけで熱を出し続けるのだ。言ってみれば、原子炉というのは下りの坂道に置かれた重い車である。必要なのはブレーキだけで、アクセルはいらない。いかにゆっくりと安定した速度で坂道を降りさせるかが問題なのであって、無限の熱源である炉の周囲にあるのはいくつものブレーキである。すべてのブレーキが壊れれば炉は暴走をはじめるだろうし、その場合に燃料を断ってそれを止めるということはできない。

† †

制御と遮蔽が原子力産業全体の基本姿勢である。遮蔽について実に正直に語っている文書をぼくは発電所で貰った。『東海発電所／東海第二発電所のあらまし』という表題の(日本原子力発電株式会社広報部の発行になる)その文書の文体そのものが封じ込めるという姿勢、原子力に対する人間の基本姿勢、を露骨に語っていた。ぼくはそれを非常に興味深く読んだ。「安全への配慮」という項目には「放射線の封じ込め」と題して五つの壁が放射性物質の周囲にあることを強調している。そして箇条書きにして五項目からなるその、句読点まで含めて百六十字ほどの短い文章の中で、危険性は「固い」、「丈夫な」、「密封」、「がんじょうな」、「気密性の高い」、「厚い」、「しゃへい」、という言葉の羅列によって文字通り封じ込められていたのである。

これは思考の文体ではなく、説明の文でもなく、要するに広告コピーの、売り込みの文体である。具体性を欠くイメージの言葉を羅列して、読み手の心理をある方向へもってゆこうという意図だけがあからさまな文章である。論理的には何の説得性もない（『楽しい終末』文春文庫）。

† †

どこかに欺瞞がある。

世の事業の大半はこんな風に安全性を強調はしない。新幹線も飛行機も今さら「安全です」とは言わない。何かを隠そうとすればするほど、それが露わになる。形容詞の煉瓦を積めば積むほど、その後ろに何か見せたくないモノがあるとわかってしまう。美辞麗句を連ねる求愛者には用心したほうがいい。これは、物理を学んだ者ではなく詩を書きながら言葉の扱いを学んだ者としてのぼくの感想だった。

原発について、危険であると言う学者・研究者がいたのだ。その主張には根拠があったから、推進派は必死になって安全をＰＲした。その一方で、異論を唱える人びとを現場から放逐した。先日の地震が起こった時、彼らが事態に速やかに対応できなかったのは、そういうシミュレーションもしていなければ、その能力がある人もその場にいなかったからではなかったのか。安全を結果ではなく前提としてしまうと、システムは硬直する。勝利を結果ではなく前提とした大日本帝国が滅びたのと同じ過程を福島第一原子力発電所はたどった。日本の電力事業界では「原発の安全」は「必勝の信念」や「八紘一宇」と同じ空疎なスローガンだった。

なぜ、そういうことになったのだろう？　他の分野ではなかなか優秀で、とくに現代の工業技術においては世界の第一線に立つ日本が、なぜ福島第一のようなちゃちなものを造って運転してきたのだろう？

一次的な理由は安全という言葉を看板にしたことだ。安全は不断の努力によって一歩でも近づくべき目標、むしろ向かうべき方位であるのに、それはもうここにあると宣言してしまった。だから、事故が起こった際のマニュアルも用意しなかった。安全である以上そういうものを作るのはおかしいと外部から批判されるのを怖れたのだろう。科学とは、自然界で起こる現象とそれを説明する理論の間の無限の会話である。現象を観察することで理論は真理に近づく。安全を宣言してしまってはもう現象を見ることはできない。

5　原理的に安全ではない

さらに、そこにはより根源的な問題がある。原子力は原理的に安全でないのだ。原子炉の中でエネルギーを発生させ、そのエネルギーは取り出すが同時に生じる放射性物質は外へ出さない。あるいは、使用済み核燃料の崩壊熱は水で冷却して取り去るが、放射線は外に漏れないようにする。あるいは、どうしても生じる放射性廃棄物を数千年にわたって安全に保管する。

この原理に無理がある。その無理はたぶん、われわれの生活や生物たちの営み、大気の大循環や地殻変動まで含めて、この地球の上で起こっている現象が原子のレベルでの質量とエネルギーのやりとりに由来するのに対して、原子力はその一つ下の原子核と素粒子に関わるものだというところからくるのだろう。

この二つの世界の違いはあまりに根源的で、説明しがたい。「何かうまい比喩がないか?」とぼくの中の詩人は問うが、「ないね」とぼくの中の物理の徒はすげなく答える。「原子炉の燃料」というのはただのアナロジーであって、実際には「炉」や「燃」など火偏の字を使うのさえ見当違いなのだ。

唯一わかりやすいのは数字かもしれない。ヒロシマの原爆で実際にエネルギーに変わったのは約1kgのウランだったが、そのエネルギーはTNT火薬に換算すると1万6000t分だった、ということの数字が含む非現実性を示すこと。両者の間には8桁の差がある。爆発という見たところは同じような現象において、関与する物質の量がここまで違う。最新の旅客機であるボーイング777LRは約160tの燃料を積んで1万7000km先まで飛ぶことができる。もしも仮にこれが核燃料で飛べるとすれば、燃料は10gで済む。8桁の差とはこういうことだ。

そこが魅力だと考えた人たちが原子力の平和利用を進めたのだろう。しかし、結局のところ、それは敗退の歴史だった。最初期にあった「原子力機関車」はプランの段階で消え、「原子力船」

はアメリカのサヴァンナ号も日本のむつも実用に至らなかった。今の段階で運用されているのは潜水艦と空母、つまり安全性の要求が商用よりずっと低い軍事利用ばかりである(旧ソ連の砕氷船レーニン号はほとんど軍艦なみに使われた)。

敗退の歴史は手近なところにもある。日本は資源に乏しいことを理由に高速増殖炉の開発に力を注いできた。ウランを燃料とする炉からプルトニウムが得られて、それがまた燃料となる。灰が燃やせる石炭ストーブって素晴らしいじゃないか。

この夢のコンセプトについて、１９６７年に発表された「原子力開発利用長期計画」には「昭和40年代後半に原型炉の建設に着手することを目途とする」とあった。ほぼ5年後だ。１９８２年の同書には「昭和70年代に本格的実用化を図ることを目標として」とあった。20〜30年後である。そして、２０００年の版では「将来実用化されれば」としか書いてない。求めるほどに遠くへ逃げてゆく。普通はこういうものを砂上の楼閣と呼ぶ。そこにずいぶんな額の税金が投入された。

なぜ、できないのだろう？　理論としてはどこまでも進む。紙の上の計算ならば、実現も可能なように思える。しかし、液状の金属ナトリウムを長期にわたって安全着実に流す配管は作れない。それは放射性廃棄物の処理についても同じで、だから六ケ所村の施設はいつになっても完成しない。

その根源的な理由は材料工学にあるのではないか。ここ200年ほど、人は新しい発明の仕掛けに感心してきたが、それを可能にしたのが新しい材料であったことにはなかなか気づかない。実際には、古代的な鉛の鋳物で自動車のエンジンは作れない。ペットボトルがここまで普及したのは、軽くて透明でぜったいに洩れないという信頼の結果である。形の前に素材。

それでも8桁の差をまたぐ素材は作れなかった。材料工学はまだ原子のレベルの技術であり、そこでどう足掻《あが》いても核レベルの強度は得られない。燃料棒の被覆としてジルコンは優れていたのだろうが、それでもメルトダウンは避けられなかった。原子炉とは要するに容器と配管である。絶対に洩れてはいけない高温高圧のものを入れる容器と延々と長い配管。そういう構造物が地震で揺さぶられるというのは、正直な設計者にとっては悪夢ではなかったか。そこで彼らは「大きい地震はないことにしよう」とつぶやきはしなかったか。

放射性物質はいわば一種の毒物だが、われわれが（地球上の生物すべてが）日常で出会う毒とは原理が違う。フグの毒も、トリカブトも、ベロ毒素も、サリンでさえ、焼却すれば消滅する。原子レベルまでの現象、化学結合論が支配する現象とはそういうものだ。砒素や重金属など元素の毒は焼却不能だが、体内に入れなければまず害はない。

しかし放射性物質を熱で分解することはできない。半減期という冷酷な数字以外にその害毒の指標はない。放射性物質はわれわれが住む空間そのものを汚染して住めない国土を作ってしまう。放射性物質はどうやってもいつか洩れる。絶対安全の器はない。それが原子レベルと核レベルの8桁の差の意味だ。ＳＦにはすべての物質を溶かす溶媒というパラドックスがある。そんなもの、作ったとしても容器がないではないか。核融合の研究者たちが必死になってプラズマの閉じ込めを実現しようとしているが、あれもまた先のない話だとぼくは思う。

6　進む方向を変えよう

文明とは集中である。

狩猟採集で暮らしていた遠い祖先たちの頃から、人間は密度に憧れてきた。獲物がまとまっていてくれたら、狩りは効率的になる。鮭という魚がヒトにもクマにもありがたいのは、あのサイズの個体が狭い川に自ら大量にやって来るからだ。

その後、人間は農耕を発明し、狭い地面から多くの食糧を得るすべを手に入れた。生産性が上がり、人類は余剰な人口を抱えることができるようになって、都市を作った。文明 civilization の語源は都市である。都市に集まって高密度で暮らす人びとの中から高濃度の文化システムが生まれ、文明と呼ばれるようになる。その先も、高層の建物から集積回路まで、人間は文化のレベルを密度で測ってきた。

再生可能エネルギーは広くて薄い。集中と濃縮を目指すという人類史の大きな流れに逆らうものだ。だから、そんな離散的なものが実用になるかと反発を買う。その一方、人は近代になって、距離を保ったまま自分たち自身とモノと情報を行き来させる方法をずいぶん発達させてきた。交通と通信である。この場合で言えば、スマートグリッドは電力というモノと需要供給関係の情報を広い範囲で共有することによって、離散的な文明という矛盾を実現する一つの手段となる。

社会がどう変わるかは、予測ないし予想である。どう変えるかは、意思だ。われわれはずいぶん意図的に社会を変えてきたのではなかったか。自分が生きた数十年を振り返ると、そういう思いがする。あるテクノロジーを選び、その普及を政策として推進する。するとそれは実現するのだ。

1950年代の日本には、自動車と道路などそれに関連する施設はほんの少ししかなかった。基本的に自動車は公共のものであったからこそ、それとは別のものという意味で「自家用車」という大袈裟な呼称が生まれた。本格的な国産車として仮にトヨペット・クラウンを例に取れば、1962年の生産台数はわずか2万8000台だった。東名高速道路が全線開通したのが1969年。その後の展開は説明するまでもないだろう。

1983年の春にぼくはワープロという機械を買った。軽自動車1台分くらいの値段で、今から思えばおそろしく不器用な代物だったが、しかし実用に耐えたし、だからこそ普及した。ワープロで書いた小説で芥川賞を得た最初の作家がぼくだった。それまでコンピューターといえばIBMなどの大型機が主流だったけれど、この頃を機に「パーソナル」な機器に流れが変わった。パソコンという命名も自家用車の場合に似ている。集中から個へ、文明は分散に向かい始めたのだ。

テクノロジーの面においては、その気になれば社会はがらりと変わる。原発から再生可能エネルギーへの転換も実はさほどむずかしいことではないのではないか。原子力におけるような原理的な困難はない。製造業の側からの不満は予想されるところだが、大量に作って速やかに陳腐化させてどんどん捨てるという経済成長依存型の資本主義もそろそろ見直したほうがいい。アメリカの詩人ゲイリー・スナイダーは、「限りなく成長する経済は健康にはほど遠い。それは癌と同じことだから」と言う。

それならば、進む方向を変えよう。「昔、原発というものがあった」と笑って言える時代のほうへ舵を向けよう。陽光と風の恵みの範囲で暮らして、しかし何かを我慢しているわけではない。高層マンションではなく、屋根にソーラー・パネルを載せた家。そんなに遠くない職場とすぐ近くの畑の野菜。背景に見えている風車。アレグロではなくモデラート・カンタービレの日々。

それはさほど遠いところにはないはずだと、この何十年か日本の社会の変化を見てきたぼくは思う。

提言／02

7世代後のことまで考えて決めよう

坂本龍一《さかもとりゅういち》

音楽家

1952年、東京都生まれ。東京藝術大学大学院修士課程修了。1978年に細野晴臣らとYMOを結成（1983年に解散し、2002年に再結成）。自ら出演し、音楽も手がけた映画『戦場のメリークリスマス』（1983年）で英国アカデミー賞音楽賞、映画『ラストエンペラー』（1987年）でアカデミー賞作曲賞などを受賞。1997年以後、環境や平和の活動にも関わり、東日本大震災では被災地支援の活動を行っている。著書に『音楽は自由にする』（新潮社、2009年）、『非戦』（監修、幻冬舎、2001年）など。

1　想像だにしえないこと

3・11はレコーディングの初日で、東京のスタジオにいました。録音の準備をして演奏家が来るのを待っていたら、大震災が起こったのです。日本人ですから、地震には慣れていたつもりでしたが、この揺れは尋常じゃないと、東京にいても感じました。

テレビをつけると、今度は目を疑うような津波の映像が流れ、にわかには信じられませんでした。つづいて、福島第一原発事故のニュース。翌12日には1号機が水素爆発。レコーディングを続けながらも、放射能の漏洩が気になり、おもにインターネットで情報を追いかけていました。放射能の危険性について、ネットでは15日が危ないという噂が流れたため、心配でマスクを買って付けていました。また、ヨウ素の錠剤を薬局に買いに行きましたが、すでに売り切れでした。ぼくはネットをよく見ているので、情報収集は早いほうだと自負していたのですが、情報を素早く入手して行動している人がたくさんいたことに、驚きを隠せませんでした。

放射能雲が東京にも、流れてきているのではないか。そう思ったぼくは、関西のスタジオに移ろうと決め、状況を調べてもらうと、もうすでに関西のスタジオもホテルもブッキングされていて、全然空きがありません。

そんなわけで、地震と津波、それに原発事故が一挙に襲ってきたので、最初は呆然として事態を受け止め切れなかった、というのが正直なところです。

それにしても、自分の国でチェルノブイリに匹敵するような人類史上、未曾有の原発事故が起こるとは、いくら原発の危険性を理解していたとしても、まったく想像だにしえないことでした。

2　原発は知性の結晶なんかじゃない

事故から3カ月近く経って、1号機から3号機まで3機で、炉心が溶融するメルトダウンどころか、溶け落ちた炉心が圧力容器や格納容器も突き抜けて落ちていくメルトスルーが起きていたことがわかりました。しかも、地震と津波の発生直後に起こっていた。これには唖然としました。以前から電力会社や政府が言っていた「原発は安全です」などという文言は露ほども信じていませんでしたけれど、これほどひどいとは思ってもいませんでした。もう少しマシなものかなと思っていたのです。

でも、よく考えれば、原発も人間が造った機械であり、人間が操作しているわけですから、事故は必ず起きるはずです。身近なところで言えば、自動車を見れば明らかです。自動車を造って走らせれば、ある確率で必ず交通事故が起きますが、それと同じことだと思います。人間が造った機械でエラーをしないということはありえないわけで、政府や電力会社、あるいはメディアが言う「安全神話」を信じていた人がたくさんいたということのほうが、信じられません。

事故が起きた後にもかかわらず、「原発は、人類の知性の結晶だ」という趣旨の発言をしている政治家がいました。こんなものが知性の結晶だとしたら、人類の知性とはなんと幼稚で、しかも自らの生存をも脅かす危険なものでしょう。この未曾有の事故を前にして、まだ原発を自慢している政治家に知性があるとは、とても思えません。

われわれの遠い祖先は、狩猟採集の暮らしを送っていました。厳しい天変地異を切り抜け、何万年もの間、ずっと生き延びてきたわけです。彼らのほうが、われわれのものよりもはるかに根源的な意味で知性的だと、ぼくは思います。それは、自らはもちろんのこと、自然環境も他の種をも脅かすことはなかった。

原発というのはそもそも原爆と同じ技術を使っているわけで、その元にあるのは、200年前の19世紀初頭に始まった蒸気機関です。水を温め、蒸気を起こしてタービンを回す技術です。基本的にはそれと何も変わらない。ただ、使うエネルギー資源が変わっただけです。

だから、この200年の人類の技術というものをもう一度ふりかえり、これからのエネルギーのあり方を考え直すよいチャンスだと思います。もちろん、単にやめろと言っているわけではないのですが、人類の知性というものがもう少しは高いかなと思ってきたぼくにとっては、苦笑いせざるをえないような悲しい感じがあります。

3 電官政学報の「ペンタゴン」は万死に値する

今回の原発事故でもうひとつ不思議に思うのは、お上からの「健康にただちに影響はない」という「大本営発表」であり、そのおかしさを追及しないメディアの姿勢です。しかも、発表している政権は支持率が非常に低いわけですから、大多数の国民は自分たちが支持もしていないお上の言うことを鵜呑みにして実行するという、「ねじれ」が起こっているのです。

その構造は末端まで広がっていて、たとえば福島県教育委員会はお上の言うことを聞いて、子どもたちに通常どおりの授業をすることを強要し、被曝のリスクを高めています。お上の圧力によって、子どもを避難させたりマスクを付けさせたりする行為がしにくくなっていたわけです。これはいったい、どういうことでしょうか。結局、日本には民主主義が育っていなかったと言わざるをえません。

放射能の汚染地帯にいるかいないかは生死を分かつ大問題で、子どもを持っている親は何が何でも逃げるべきだと、ぼくは思います。福島県内といっても、放射能の汚染度は大きく異なりますから、まずは情報を収集する。そのうえで、お上の言うことを信じるのではなくて、自分の身は自分で守る、自分の子どもは自分で守る必要があります。

こういうことは本来、メディアがやらなければいけないことです。ところが、どうもメディアがちゃんと機能しているようには思えません。NHKの特集番組などで放射能汚染の事実が明らかにされ、メディアの機能が回復しつつある部分もありますが、民放はどうなのでしょう。ここに至ってもまだ電力会社のお金の力が恐いのか何だか知りませんが、電力不足で困るというのであれば、まず民放の放送を部分的に、たとえば深夜は止めてもいいのではないでしょうか。

ここまで日本の国土を汚し、国民を危険に晒《さら》した電力会社、原発を推進してきた官僚、一緒に推進してきた政治家、それに御用学者とメディア。この電官政学報の「ペンタゴン」(五角形)は、万死に値すると思います。これはもう、末代までの恥です。もっとも、恥を感じないような人たちがやっているから問題なわけですが。

こんな深刻な事故を起こして、誰の目にもその責任の所在がわかっているのに、いまだに基準値を上げ、あるいは情報を小出しにして被害を小さく見せようとしたり、子どもたちを被曝の危険に追いやりながら自分たちは逃げ切ろうとしている。これほどの精神的な退廃、倫理的な悪はない。

日本という国は、いつからこれほど退廃した国になってしまったんだろう。ぼくが知っていた日本は、これほどひどくはなかったような気がします。気がついたら、こうなっていたということのようです。あまりにも不条理で、カフカやドストエフスキーの小説を読んでいるかのようですが、残念ながらこれはフィクションではなく、現実に起きていることなのです。

これまで、原発を福島県や福井県や青森県に押し付ける、貧富の差を利用して貧しいところに押し付けてきたわけで、これは精神的な退廃以外の何物でもありません。これほどの大事故を引き起こしても、まだ原発を進めたいというのならば、東京か大阪に原発を造るべきです。そして、そこから出てくる放射性廃棄物は電気を一番使う東京に埋めるのがよいでしょう。

4　脱原発はカンタンなこと

脱原発というと、とても大変なことのように思う人が多いようです。どれだけの利権が絡んでいるかということを考えれば、確かに大変なことですが、技術的に見ればカンタンなことです。前にも述べたように、原発といえども、蒸気を起こしてタービンを回しているだけなのですから、それに代わるエネルギーソース（資源）を使えばいいだけです。

日本は火山列島ですから、どこに行っても地熱がある。あるいは、四方を海に囲まれているので、潮力も波力もふんだんにある。もちろん、風はどこでも吹くし、太陽は燦々《さんさん》と降り注いでいる。その地域地域の地形や条件に合わせて、そういったエネルギーソースを組み合わせれば、ぼくはカンタンにできるはずだと思っています。やればできるのに、やっていないだけなのです。

ひとつ問題なのは、現在のシステムがコンピュータで言うメインフレーム型ネットワークになっている点です。中心に巨大なコンピュータがあって、それを取り囲んでネットワークを作っている。原発の場合は一番使う都会に危険性のため造れないから、中心を地方に持っていき、地方から都会まで長いケーブルを引っ張ってくる。だから、ネットワークとして考えると非常に効率の悪いやり方で、今回のように一度事故が起きるとたくさんの場所で使えなくなります。

これに代わるネットワークとしては当然、地産地消的な、あるいはエネルギー自給的な、分散型ネットワークを作ればよいのです。使う人の住んでいるところの近くに電気を起こす施設があって、そこのコミュニティで使う。それをネットワークにつないで、足りないところに供給するというのが理想です。ぼくは専門家ではありませんけれど、こんなものは技術的にはカンタンにできると思っています。

原発の場合、深刻な事故が起きるリスクがあり、仮に事故が起きなくとも、ウランはいずれ枯渇しますし、膨大な放射性廃棄物が出てきます。それに比べたら、自然エネルギーは、はるかにコストが少なくて済むし、リスクも低い。そちらのほうがいいに決まっているのだから、一刻も早くやればいいだけなのですが、利権集団が邪魔して、なかなか動きが取れないということのようです。

5　お金について考える

こんなに地震の多い日本列島に54基もの原発を造ったのはなぜか。子どもたちを被曝の危険におとしいれてまで、原発を推進しようというのはなぜか。彼らの誇りや意地がさせるのか、単にお金に目が眩《くら》んでやっているのか。

ひとつには、軍事目的があると思います。よく言われるように、プルトニウムを確保して、いつでも核武装できることを世界に、地域に誇示すること。もうひとつは、お金でしょう。自分たちに都合のいい法律を作って、原発を造れば造るだけ儲かる体制を整え、好きなだけ電気代と税金として国民からしぼりとり、そこにハイエナのように群がっているわけです。

前にも述べたように、危険な原発や放射性廃棄物を貧しい地方に押し付けているのですが、それはヨーロッパの列強がかつて植民地を作って搾取してきたのと、基本的には同じやり方だと思います。その地域の生活基盤を奪っておいて、原発を持ってくる。そうすると、そこで生活している人たちは生きていけませんから、原発を受け入れるしかない。ぼくは一種の「新しい奴隷制」と言っていますが、実はちっとも新しくもなくて、かつての植民地主義と基本的には同じ構造だと思います。

たとえば、青森県の六ケ所村はもともと農業と漁業が半々ぐらいの地域でしたが、農地も漁業権も取り上げられれば、暮らしていけません。そこに再処理施設を造れば、そこで働く以外に食べていく術はないでしょう。

要するに、お金で顔を引っぱたいて、あきらめさせる。そこには、お金の問題が深く絡んでいるので、お金の形を変えることがひとつ重要なことではないかと思っています。これは原発だけでなく、環境問題全般に言えることです。

たとえば、ある湖にたくさんの魚が生息していて、何万年も前から人間や動物が湖の周辺に移り住み、湖の豊かな恵みを享受してきたとします。そこに貨幣経済が入ってくると、人は自分が食べる以上に魚を獲って、町で売ってお金に換えるようになります。お金があるとテレビや自動車が買えることがわかり、ダイナマイトを湖に放り込んで魚を獲り始めた。その結果、何万年も生命を潤してきた湖が、あっという間に死の湖になってしまった。

これが今、世界中で起きていることです。ですから、貨幣経済をどうするかということを、よく考えないといけないでしょう。

そこから、もう少し視野を広げて、生き方のことまで考えた時、思い浮かぶのがアメリカインディアンの知恵です。イロクォイ族という部族ではかつて、物事を決めるのに、7世代後のことを考えて決めていたそうです。一方、今ぼくたちが生きている社会は3カ月ぐらい先の物事しか見ていませんよね。金融界の人は、おそらく秒単位でしょう。3カ月単位で動くという私たちの社会の経済のあり方が、環境を破壊し、生活を破壊してきたのだと思います。これは変えていかなければいけません。

福島の原発事故はひどい事故ですけれども、これをきっかけに目を醒ました人もたくさんいますので、自分たちの生活、自分たちの社会を変えていく絶好のチャンスだと思います。どういうふうに生活を変えていくのか、どういう社会を作っていくのか、グランドデザインを作らないといけないと思います。

原発は日本の総電力量の約3割を占めるので、原発が全部なくなると1980年代の暮らしに戻らざるをえないと言われますが、ぼくは80年代どころか、60年代の暮らしで十分だと思っています。いわゆる昭和の『三丁目の夕日』みたいな暮らしです。

自転車でちょっと行くと、清流が流れ、カエルやトンボ、ヘビが生息している。ただ、当時と違うのは、風車や水車や太陽光発電機など、コミュニティのエネルギー自給のための小規模な施設が地域地域に造られているというイメージです。そんな暮らしの中にもITはありえます。コンピュータはそれほど電気をくいませんので。

そんな風に、人間の文明と自然がうまい具合に共存していけるような社会というのは可能だと思うし、実現を願っているところです。

提言／03

脱原発にはリアリティがある

池上《いけがみ》彰《あきら》

ジャーナリスト

1950年、長野県生まれ。慶應義塾大学経済学部卒業後、NHK入局。報道局社会部記者などを経て、『週刊こどもニュース』キャスターを担当。2005年からフリージャーナリストとして活躍する一方、多くのテレビ番組でニュースをやさしく解説し、人気を博してきた。著書に、140万部を突破した『伝える力』（PHPビジネス新書、2007年）、『先送りできない日本』（角川ONEテーマ21、2011年）、『そうだったのか！現代史』（集英社、2000年）など。

1　世界に不信感が広がった

3・11当日、大地震が起きたときはワシントンから東京に帰る飛行機の中でした。成田空港の上空で長い間、旋回した後、羽田空港に着陸できましたが、道路は大渋滞。都内の自宅に帰りつくまでに、5時間半かかりました。福島第一原子力発電所で電源が喪失して事態がどんどん深刻化していく様子は、帰宅後テレビでずっと見ていました。一番心配したのは水蒸気爆発です。水蒸気爆発の場合、核燃料を閉じ込めている圧力容器や格納容器まで破壊され、大量の放射性物質が環境に放出されます。「水蒸気爆発が起きたら、チェルノブイリ級の大事故になるな」と思いましたが、実際には、原子炉建屋の水素爆発でした。ただし、発表された放射線量を見ると、圧力容器や格納容器が極端に破壊されているのではないと推定されたものの、水蒸気爆発の危険性がなくなったわけではありません。それで、水蒸気爆発が起きたらどうなるんだろうという不安をもちながら、NHKの後輩である水野倫之解説委員らの解説を聞いていました。

この事故について、新聞の見出しは「原発で爆発」でした。海外では爆発の映像が繰り返し放送されたこともあって、「福島でチェルノブイリ級の原発事故が起きた」と認識されていきます。あの時点では仕方がなかったとも言えますが、結果論から言うと「原発の建屋が爆発」と書くべきでした。しかも、政府はこの原発事故を当初、レベル4と発表。メディアでもそのように報道されました。このため、「日本政府は真実を隠している、日本のメディアも真実を伝えない」ということで、世界中に不信感が広がりました。衝撃的な映像と流れてくる情報の落差が不信感を増幅したという思いがあります。

2　人びとの不安はどこから来るのか

それに輪をかけたのが、東京電力や原子力安全・保安院、それに政府の記者会見での訳のわからない説明です。テレビ番組の途中で生中継が入り、東電や保安院の記者会見の様子が流されるのですが、専門用語が多くて、視聴者はよくわからない。番組のキャスターやアナウンサーもわからないから、うっかりコメントもできない。だから、「以上、記者会見でした。では番組を続けます」と何のコメントもありません。

これでは、原子力発電や放射能についてよく知らない普通の視聴者がテレビを見ていても、さっぱりわからないわけです。原発事故への不安に加えて、東電や政府の発表がよく理解できないために、人びとの不安がさらに広がりました。

私は実は、今年3月いっぱいでテレビ番組への出演に一段落をつけるつもりだったのです。しかし、人びとの不安が広がるのを見て「こりゃ、いかん。こういうときにテレビに出ないで、いつ出るんだ」という思いが強くなり、方針を変更して緊急特番への出演を受けることにしました。それまでレギュラーをしていたテレビ朝日系の『そうだったのか！池上彰の学べるニュース』（4月6日放送）をはじめ、『池上彰が伝えたい！東日本大震災の今』（4月13日放送）、それにテレビ東京の『池上彰の緊急報告　大震災のなぜに答える』（4月20日放送）などの特別番組で、原発事故について解説をしたのです。

多くの人びとは、放射線と放射性物質、放射能がどう違うかもわかっていません。昔はレムやキュリーという単位を使いましたが、いきなりシーベルトやベクレルといった知らない単位が出てきて、何が何だかわからない、というのが実情だったでしょう。そういう基本的なことをわかりやすく説明し、東電や政府が言っている内容をやさしく解説した結果、特番はどれも高い視聴率で、18%を超えたものもありました。

ということは、それだけ多くの視聴者が東電や政府の言っている内容がよくわからず、ものすごく不安だったということです。決して、放出された放射性物質が安全だと言っているわけではなく、発表内容をやさしく解説しただけなのに、視聴者から安心したという反応がずいぶんありました。この背景にあるのは、リスクコミュニケーションの失敗です。危機において何をどう伝えるかという点で、政府もテレビ各局もお粗末だったと思います。

3 「ブラックスワン」がいるかもしれない

原発をめぐる過去の対立構造にも、問題がありました。それはある種、文科系と理科系の対立のようなものです。原発反対派の文科系の人が「原発は安全か」と聞く。原発推進派の理科系の専門家が「世の中に100%安全なんてありません」と答えると、文科系に「100%安全でないものをなぜ造るのか」と突っ込まれる。そこで、代わりに原発推進派の文科系の人が出てきて「絶対安全です。100%安全です」と答えてしまうわけです。

一度「絶対安全です」と言ってしまうと、津波対策で防潮堤を高くしようとか、地震対策で非常用電源を増やそうとか、万一事故が起きたときの対策が取れなくなります。そういう対策を取ると、「絶対安全だと言っただろ。100%安全じゃなかったのか」と突っ込まれるので、ごまかしたり、あえて対策を取らなかったりする結果につながったのではないか。

科学的な発想というのが、私たちの社会には必ずしも定着していなかったし、マスコミ報道もそうだったのではないかと思います。絶対確実なんてことはありえない、という科学的な発想を文化として定着させる必要がある。それは、ありとあらゆることについて言えると思います。

最近の金融理論に、「ブラックスワン」という考え方があります。白鳥は白いと言われてきたけれども、ブラックスワン(黒い白鳥)が見つかった瞬間に、白鳥が白いとは言えなくなるという意味の言葉です。金融恐慌は絶対起きないと言われてきましたが、リーマンショックが実際に起きると、絶対に起きないとは言えなくなってしまった。リーマンショックは、ブラックスワンだったわけです。日本の原発も同じで、絶対安全だと言われてきたけれども、大事故が起きた途端に、絶対安全だとは言えなくなりました。

だから、ブラックスワンが世界のどこかにいるかもしれないということを、社会においても、経済においても、科学においても、常に考えなければいけないと思います。

4　「客観報道」を見直す

マスコミ報道について言えば、もうひとつ反省すべき点は、いわゆる「客観報道」、つまり賛成派と反対派を両論併記してバランスを取るという報道のやり方です。私たち記者はみなそういう取材や記事の書き方を叩き込まれてきましたが、それでいいのか、ということがあります。報道するときに、最後に反対派のコメントを付け加えておくだけで本当によかったのだろうか。

福島原発事故で言えば、反対派の人たちの言っていることが相当程度、正しかったわけです。だから、反対派の主張をもっと報道すべきだったし、実態を検証し、解決策を模索する必要があったのではないでしょうか。

一例をあげると、55年体制といって自民党と社会党が2大政党として拮抗していた時代、憲法九条や自衛隊をめぐる論争がありました。自民党側は、自衛隊が憲法に違反していないと主張する。一方、社会党や共産党は、自衛隊が憲法違反であると主張する。そこで対立し、マスコミも報道します。ところが、新型戦車や新型戦闘機を導入するとき、それが必要かどうかというリアリティのある議論は一切行われませんでした。その兵器が必要かどうかを検証していれば、国家予算のムダ使いをずいぶん減らすことができたのではないかと思います。

たとえば、2004年12月にインドネシアのアチェで津波の被害があったとき、海上自衛隊の輸送艦「おおすみ」が救助に向かいました。このとき、おおすみに陸上自衛隊のヘリコプターを搭載することになったのですが、陸上自衛隊のヘリコプターは専守防衛のためのもので、船への搭載を想定していません。このため改造が必要となり、出動が遅れたのです。これを見て、戦前の日本陸軍と海軍の対立構造と何も変わっていないと思いました。

マスコミが自衛隊の装備の必要性を検証しなかったのは、こうした議論がある種の「神学論争」になっていて、それでよしとしてきたためです。原発の安全性論議も同じだったのではないかという気がします。原発が「安全だ」「安全じゃない」という主張ばかりを報道するのではなく、津波がここまで来たらどうするのか、地震にどう備えるのかをきちんと検証し、解決策を模索すべきではなかったかということです。

5　脱原発のリアリティ

福島原発事故が起きるまでは、「脱原発にリアリティがあるか」という問いが立てられました。しかし、事故が起こってしまったいま、もはやリアリティのあるなしを論じる段階ではない。否応なくリアリティをもたざるをえなくなりました。脱原発にいくしかないという現状認識が必要だろうと思います。

というのも、いまから原発を新しく造ろうとしても、どこに造れるのか。たまたま定期点検などで運転を止めている原発は、運転再開ができない状態です。浜岡原発を止めるというときに新しく原発を造るなんてことはありえないという現状認識で、脱原発を考えなければいけないでしょう。

ただし、反原発に一足飛びにはいきません。反原発はすべての原発をただちに止めろという話です。それは理想だけど、リアリティがありません。経済や社会が大混乱するからです。しかし、新しい原発を造れない以上、現在稼働中の原発が設計耐用年数に達したら、運転を止めざるをえません。ということは、これから運転できる原発はしだいに減っていくわけで、それが脱原発だろうという認識をもっています。その際、短期・中期・長期の3段階の設計が必要です。

短期的には、原発がなくなる分、節電を進めるとともに、休止していた火力発電所の運転を緊急避難的に再開することが必要になります。ただし、原発がなくなったときの発電量を見ると、1980年代なかばぐらいの需要量に匹敵している。これは、バブルが起きる直前の日本の需要量と同程度です。よく、原発がなくなると、戦前に戻るのかとか江戸時代に戻るのかみたいな批判をする人がいますが、そんなことはありません。バブルが起きる直前の日本に戻るだけのことなんです。これは実現可能だと思います。

1980年代の日本を思い出してみましょう。若い人たちには経験がないかもしれないけれども、あのころは冬期、トイレの便座は冷たいものでした。だから、毛糸などを編んだ便座シートを使っていましたね。トイレに入ったら、いきなり蓋が開く便座はまだありません。テレビなどの家電製品のリモコンも少なく、自分でテレビのところまで行ってスイッチを入れました。

あの時代の生活であれば、私たちは耐えられると思います。そして、その程度のライフスタイルの見直しで十分なわけですから、脱原発の短期的なリアリティはあると思います。

6　オイルからガスへ

次に、短期から中期への切り替えのところのキーワードが、「オイルからガスへ」です。

そもそも石油よりも天然ガスのほうが二酸化炭素の排出量が少ないのですが、ガスタービン発電にすれば、さらに排出量が少なくてすみます。ガスタービン発電は、噴き出すガスでタービンを回して発電し、その際に発生する熱でお湯を沸かして水蒸気を造って、またタービンを回すという、効率のよい発電システムです。

さらに、シェールガスの採掘が可能になりました。シェールガスとは、頁岩《けつがん》層から採取される天然ガスです。この頁岩に広く薄く天然ガスが存在していることはわかっていたのですが、これまでは採り出すことができませんでした。

通常の天然ガスは地下に高圧で封じ込められているため、地上から穴を掘っていって掘り当てれば、地下の天然ガスが噴き出してきます。このため、ガスの採掘が比較的に容易でした。一方、シェールガスは圧力が弱いために、採り出すことができなかったのです。

ところが、ここ10年ほどの間に、アメリカで掘削技術が飛躍的に向上しました。固い頁岩の岩盤に穴を掘り、砂と高圧の水を吹き込むことによって、ガスが地表まで出てくるようになった。しかも、確認された埋蔵量は140年分もあり、これによって天然ガス輸入国だったアメリカの天然ガス自給率はほぼ100％になります。シェールガスはアメリカだけでなく、ロシア、中央アジア、中東でも見つかっているので、天然ガスについてはかなり長期にわたって安定供給が得られる見通しになりました。

中東や北アフリカで最近、民主化運動が盛り上がりを見せ、一次的に原油価格が高騰しましたが、シェールガスの採掘が可能になったため、天然ガスの価格は上がりませんでした。天然ガスの価格が上がらないのに、石油の価格だけ上がると、石油が競争力を失う。そこで、1バレル100ドルを超えた原油価格も下がりました。大量の天然ガスが採掘可能になったことで、価格上昇の歯止めになっている部分があるのです。

7　再生可能エネルギーの開発へ

中期的には、再生可能な自然エネルギーを考えていかなければいけません。なかでも注目されているのが地熱発電です。

日本のような火山国では、地下深くのマグマだまりで熱せられて、非常に熱い地下水が大量に溜まっています。簡単に言うと温泉の元ですね。その熱水や蒸気を採り出し、タービンを回して発電するのが地熱発電で、現在17カ所の地熱発電所が稼働しています。

日本の地熱資源量は２３００万kW以上と推定され、アメリカ、インドネシアに次いで世界第３位。原発20基分に相当します。採り出した地下水は再び地下に戻すため、枯渇しません。そして、二酸化炭素の排出量が少ない、気象条件に左右されないなど、多くのメリットがあげられます。ただし、地熱発電は利用できるまでに10年、20年単位の期間が必要です。だから、これから真剣に、政策として取り組んでいかなければなりません。

また、地熱発電の導入には二つの課題があります。地熱発電の適地は国立公園に指定されていることが多く、公園内の開発に対しては国立公園法によって厳しい規制があります。そこをどうクリアするかが第一の課題です。それから、そういう場所はたいてい温泉が出ます。地熱発電のための穴を掘ると温泉が枯れてしまうのではないかという温泉街の不安があるので、その不安をどう解消するかが第二の課題です。

もうひとつ注目されている自然エネルギーがあります。それがメタンハイドレート。メタンガスが凍ってシャーベット状になった固体結晶です。「燃える氷」と言われ、日本列島周辺の海底の地下100～300ｍの地層に埋蔵されています。新潟県の沖合で試験的な採掘が始まっているほか、紀伊半島や四国の沖合の海底にあることが確認ずみです。その埋蔵量は、国内の天然ガス消費量の約90年分に相当すると推定されています。

ＮＨＫの『週刊こどもニュース』を担当していたとき、新潟からメタンハイドレートのかけらを取り寄せて燃やしてみたことがあります。見た目は氷なのですが、火をつけると青白い炎をあげて高熱を発し、燃え尽きた後に残るのは水だけでした。

二酸化炭素の排出量は石油の半分程度と少なく、クリーンなエネルギーと言われています。ところが、ガスのように噴き出してこないので、技術的に採掘がむずかしい。氷を固体のまま採り出すのか、熱を送り込んでガスにして回収するのか。技術的な研究が行われていますが、まだまだ実用化の段階には至っていません。

こうした自然エネルギーの開発には資金が必要です。これまではエネルギー政策上の限られた予算の多くを原子力に注ぎ込んできました。その予算を自然エネルギーや再生可能エネルギーの開発に注ぎ込む必要があると思っています。

そして、長期的には、太陽光や風力、バイオマス、海洋エネルギーなどを含む再生可能な自然エネルギーを上手にミックスさせていく。太陽光発電や風力発電については、現時点ではまだコストや効率性の問題があるので、これから研究開発を進めて、よりよいものにしていくということです。

ソフトバンク社長の孫正義さんが太陽光発電所建設を提案しています。大震災で海水をかぶって使えなくなった田んぼや福島原発周辺の避難区域に、太陽光発電や風力発電の一大プラントを造ったらどうでしょうか。あるいは、一戸建て住宅の屋根に太陽光パネルをつけることを義務づけるとか、高層ビルの壁は全部太陽光パネルにするとか、そういう政策を打ち出すだけでもかなり違ってくるのではないか。

原発に依存しない選択をしても、私たちがとてつもない耐乏生活や清貧な生活を強いられ、大変な思いをするわけでは、まったくありません。１９８０年代なかばのバブル前の暮らしに戻るだけです。それは十分に可能ではないかと考えています。

提言／04

千年先に伝えなくては

日《ひ》比《び》野《の》克《かつ》彦《ひこ》

アーティスト

1958年、岐阜市生まれ。アーティスト、東京藝術大学教授。大学在学中に、段ボールを素材とした作品で日本グラフィック展グランプリを受賞し、一躍脚光を浴びる。その後、舞台空間・パブリックアートなどにも表現の領域を広げ、パフォーマンスなどの身体・言語を媒体とした作品も制作。2000年以降は、受け取り手の感じ取る力をテーマとした作品をワークショップを行いながら制作している。震災後、復興支援活動「HEART MARK VIEWING」を立ち上げ、人と人をつなぎながら、創作する喜びを取り戻すきっかけをつくる。著書に、『100の指令』（朝日出版社、2003年）など。

地球という星に住む私たち人間は、随分と長い間、この星の世話になっている。この星が生み出してきた生き物、植物、鉱物たちを活用して生きてきた。そして世代交代を繰り返しながら、先代が残した知の財産を受け継ぎ、工夫を重ねて前へ前へと進んできた。その知恵の集積が現代の生活様式になっている。電気・ガス・水道や情報、建築物、移動手段などに囲まれ、より快適で安定した生活を目指し続けてきた。

でも時々後戻りすることもある。足を踏み外したり、押し戻されたり。その原因が人間の仕業であるものと、どれだけがんばっても太刀打ちできない地球という星の仕業のものがある。前に進んでいる時は「このままいつまでも前に進めるのでは」と思う。過去にはいくつも後戻りしなくてはならなかったことがあったと知りつつも、人間の知恵が地球という星の仕業に対抗できるレベルに達したかのような錯覚を起こす。もう後戻りしなくてもいいのかもと考えてしまう。

２０１１年3月11日に地球という星の日本という島国で起こった地球の仕業は、千年に一度のことだとも言われている。この星にしてみれば「時々」のことかもしれないが、人間には、世代を重ねないと過ごせない時間であり、私たちは目の当たりにしたこの星の力を千年先の地球に定住している人々に世代を超えて伝えていかなくてはならない。

人は1万年前に定住化を始めてから、この星の活動と供に生活をしてきた。その結果、地球には、それぞれの地域に見合った生活様式が生まれてきた。人の性格や思考の形成も地域の環境が育んできたものである。世界中の人々の暮らしは決して画一化できるものではない。

社会とは集団での暮らしの生活様式とも言え、社会は安全、安定を求めその強度を上げようとするが、大きな力で小さな特色を覆いかぶせて全体の強度を上げるのではなく、全ての小さな特色に合わせてきめ細やかに対応していくことによって全体の強度を上げていくことが今後必要とされていくであろう。「地域性のある生活様式」を再認識し、再構築させるように3月11日のことを礎にして、千年先に向けて新たなる価値観を築き上げていかなくてはならない。

私たちの生活は地球が蓄えた地下資源をエネルギーとしてきた。時折、地球から取り出したエネルギーや、地球から飛び出てきたエネルギーに打ちのめされてしまう。人間がこれからも地球上で生活していくには、今回の仕業を「地球から人間への問い」として受け止め、今の状況を咀《そ》嚼《しゃく》し、知恵と想像力を持って千年先の地球の暮らしを創造していかなくてはならない。

災害により亡くなられた方々にお悔やみ申し上げ、不明の方々が一刻も早く見つかることをお祈り致します。今までの全ての命を受け継いでいる今生きている人達と供に千年先に向けて今日の一日をそして明日を明後日を……。

† †

以上は2011年3月18日に共同通信社からの依頼で書いた文章である。しかし、すぐには紙面に反映されなかった。千年単位の話をするには、その前に直視しなくてはならない事柄が山積されていた時期に、あまりにも先の話を語っている文章であったからであろう。初めて掲載されたのは3月24日である（京都新聞、山陽新聞、愛媛新聞）。

私は3月11日の午後2時に、東京から自分の田舎の岐阜に着いた。テレビの映像からその現実を知り、原発の報道も知ることになる。慌てふためくことをあえて抑えているかの報道の状況を見ながら、こうなってしまったからには、現実を受け止めて次なる行動を考えていかなくてはならないという気持ちでいたような気がする。3・11の瞬間をどこでどのような状況で迎えたのかは、この震災に対する視点に影響を与えていると思う。

私はあえて、原発という言葉を先のテキストで使ってはいなかった。原発という固有名詞を的にして語るのではなく。人間がどうして原発を造ることになったのかを考えることが必要であると考えたかった。その理由、考え方が分かれば、きっと原発と同じ考え方で行われてきた、もしくは行おうとしているものがまだまだ他にもたくさんあるに違いないから、それらも含めて人類はこれから考え方を検証していかなくてはならないのではないか？　原発問題だけでなく、原発というエネルギーを生み出す装置の考え方をきっかけにして、私たちが進もうとしている未来像がありえるのか、ありえないのかを見つめなくてはいけないのではないか？

† †

帰依することが自然の摂理である。すべてのものは、生まれては消えて行く。でも、生まれたからにはすぐには消えたくない！と願う。これは正直なところかもしれない。エネルギーが切れなければいつまでも走り続けることができると考えるのも、別に間違っていることではなく、むしろ自然な発想である。しかし、エネルギーは切れる。命は途切れる。でも、もうすこし長く生きていたい。だから帰依するのはもう少し先延ばしにしてみよう。

この「もう少し」というのが、どこまで「もう少し」が通用するのかが、なかなか分かりにくい。コップに水を注いで、「もう少し」入れられる、と少しずつ入れる。どこが終わるところかは、あふれた時に「そこだったのか……」と気づく。

こぼれないようにと注ぎ続けてきたエネルギーの問題。エネルギーはあればあるほどよいと決めつけてきた考え方。こぼれた瞬間に出会うまで、「エネルギーはあるにこしたことはないから……」と言ってきた。でも、今は帰依するポイントを確認できたという状況である。その瞬間を間近で見ることができた21世紀の私たち人間は、このことを千年先の人に伝えなくてはならない。

＊本稿の一部は、共同通信社より配信された記事を転載している。

提言／05

小出裕章《こいでひろあき》

京都大学原子炉実験所

少欲知足のすすめ

1949年、東京都生まれ。東北大学工学部原子核工学科卒業後、同大学院修了。1974年から京都大学原子炉実験所助手(現在は助教)。愛媛県の伊方原発訴訟では住民側証人をした。著書に、『原発のウソ』(扶桑社新書、2011年)、『放射能汚染の現実を超えて』(河出書房新社、2011年)、『隠される原子力 核の真実』(創史社、2011年)など。

1 起きてしまった福島原発事故

私は40年間、原発の破局的な事故がいつか起きると警告してきました。その私にしても、福島原発事故は悪夢としか思えません。

福島原発で起きたことはいたって単純で、発電所全体が停電したのです。私たちはそれを「ブラックアウト」と呼び、原発で破局的事故を引き起こす最大の要因であると警告してきました。

原子力発電所は、ウランの核分裂反応で発生するエネルギーで発電する装置です。実際には、原子炉内で発生しているエネルギーには2種類あります。その一つが核分裂のエネルギーです。もう一つが「崩壊熱」と呼ばれるエネルギーで、ウランの核分裂によって生み出された核分裂生成物そのものが出すエネルギーです。

原発が長期間にわたって運転された場合、原子炉内で発生しているエネルギーの7％分は、この崩壊熱です。今度の地震が発生したとき、原子炉内には制御棒が挿入され、ウランの核分裂反応自体は止められたものと思います。しかし、そこに放射性物質自体が存在するかぎり、崩壊熱を止めることはできません。

みなさんが自動車を運転中に、タイヤがはずれる事故が起きたとしましょう。もちろん、ブレーキを踏んだりエンジンを切ったりすることによって、車を停止させられます。ところが、こと原発の場合には、事故が起きても7％分のエネルギーは止められないため、走り続けなければならないのです。

原子炉の中で発生するエネルギー（熱）を冷やすためには、水を送らなければいけません。水を送るためには、ポンプが動かなければいけません。ポンプを動かすためには、電気がなければいけません。けれども、福島原発事故では一切の電源が断たれてしまいました。原発が運転中なら、自分で電気を起こすことができます。しかし、地震で原子炉を停止させたため、自分で電気を起こすことはできなくなりました。

通常なら、外部から送電線を通して電気を得られますが、地震によって送電線が被害を受け、外部からの電気も断たれてしまいました。そういうときのために、発電所には非常用発電機が複数用意されています。でも、それらは津波でやられました。東京電力は多くの電源車を現場に集めましたが、電源車を構内の電力系統に接続する場所は水没していて、電源車も使えません。こうして、すべての電源が断たれてしまったのです。

こうなれば、原子炉は溶けるしかありません。東京電力は思案の末、消防用のポンプ車で原子炉内に水を送る決断をしました。真水が利用できなかったため、海水です。原子炉内にいったん海水を入れてしまえば、その原子炉は二度と使えません。そのため、東京電力社長の決断を待たねばならず、その間にも原子炉の損傷は進んでいきました。

私は当初、この事故が破局に至るか安定化できるかは1週間で決まる、と思っていました。しかし、その予想はまったくはずれ、いまもなお苦闘が続いています。

2　メルトスルーが起きている？

東京電力が福島第一原発1号機でメルトダウン（炉心溶融）が起きたことを認めたのは、事故から2カ月あまり経ってからです。それまでは、「地震発生の翌日に一時、冷却水の水位が下がって露出したため、炉心が損傷した」と発表してきました。

ところが、実際には地震から5時間半後には冷却水が失われて、約4mある核燃料の燃料棒がすべて露出。メルトダウンが始まり、翌日には核燃料がすべて圧力容器の底に溶け落ちたことが、解析結果からわかったというのです。東京電力はこれまで、1号機の水位計のデータから原子炉の半分まではまだ水があると言ってきました。しかし、水位計を点検したところ、これまでのデータは間違いで、原子炉の炉心部には水がなかったと言い出したわけです。

東京電力や原子力安全・保安院が公表する情報はこれまでも、次々と撤回されたり訂正されたりしてきました。たとえば、汚染水からヨウ素134や塩素38が検出されたと発表されたので、私は「ウランの核分裂反応が再び起こる再臨界が起きていると考える以外に説明がつかない」と発言したのですが、しばらく経ってから、検出が間違いだったと言い出す。何が正しい情報なのか、私にはもうさっぱりわかりません。

ですから、今回の発表についても、本当にそうなのか、眉に唾をつけて聞かざるをえないと思います。仮に今回の計測結果が正しくて、炉心に水がなかったのであれば、核燃料は溶けるしかありません。炉心が溶けて、圧力容器という巨大な圧力鍋の底に落ちるしかないでしょう。

なぜ原子炉に水がなかったかと言えば、圧力容器のどこか、炉心より下のどこかに穴が開いて、そこから水が漏れたという説明以外にありません。そうなれば、水だけでなく溶けた核燃料も、圧力容器の外側を覆っている格納容器の底に流れ落ちるでしょう。格納容器は鋼鉄製の構造物で、厚さはせいぜい3㎝ぐらいしかありません。そこに2800℃を超えるウランの溶融体が落ちていく。鋼鉄は1500℃前後で溶けてしまいますから、格納容器にも穴が開きます。そうすると、溶けたウランの塊や溶かされた鋼鉄などが一体となって下に溶け落ちていくでしょう。つまり、溶けた炉心が容器を突き破るメルトスルーが起きている危険性があるのです。

それが確からしいという証拠も出ています。東京電力はこれまで「水棺」と言って、圧力容器の中に水を入れれば、格納容器に漏れ出ていくけれども、格納容器の中に水が溜まって圧力容器全体を水没できるとして、今後のロードマップ(工程表)に書き入れました。ところが、いくら水を入れても水位が上がらない。調べてみたら、原子炉建屋の地下に何千トンもの水が溜まっていました。つまり、格納容器にも穴が開いていて、水が建屋のほうに流れ出ているということです。したがって、1号機ではメルトスルーが起こっている可能性が高いと私は見ています。

これまで私は格納容器が壊れていないという発表を前提に、循環系の冷却システムをつくって原子炉を冷やせと主張してきましたが、メルトスルーが起きているとすると、もはや意味がありません。原子炉を冷やすこと自体をあきらめるほうが現実的かもしれないと思うようになりました。要するに、溶けてしまうのは仕方がない。地下に向かって溶け落ちていくわけですが、永遠に溶け落ちていくことはありません。地下水で冷却されるかもしれない。自然に冷却されることを期待するのです。

ただし、地下水を通じて放射性物質が環境に出てきますから、それを防ぐ対策を取らなければなりません。原子炉建屋の周辺に、深さ数十mのコンクリートの壁を張り巡らせ、地下水を遮断して、溶けた炉心から出てくる放射性物質を封じ込める。建屋の上部は、チェルノブイリでやったように、「石棺」という形の覆いを造る。それ以外に方策がないかもしれないと思うようになりました。

また、京大原子炉実験所の同僚である今中哲二助教の調査チームは3月末に福島県飯舘村に入り、高濃度に汚染されている地点があることを初めて明らかにしました。この結果を受けて、政府も汚染の事実を発表したのです。私も3月15日に東京で採取した空気中の放射性核種を分析したところ、1日あたり23マイクロシーベルトというセシウム137の高い値が検出されました。福島原発事故では、福島県内だけでなく国土が広範囲に汚染されており、その全貌はいずれ明らかになるでしょう。

3　原発とは巨大な蒸気機関

ここで、原発について基本的なことを説明しておきます。

図１　原子力発電も火力発電も湯沸し装置

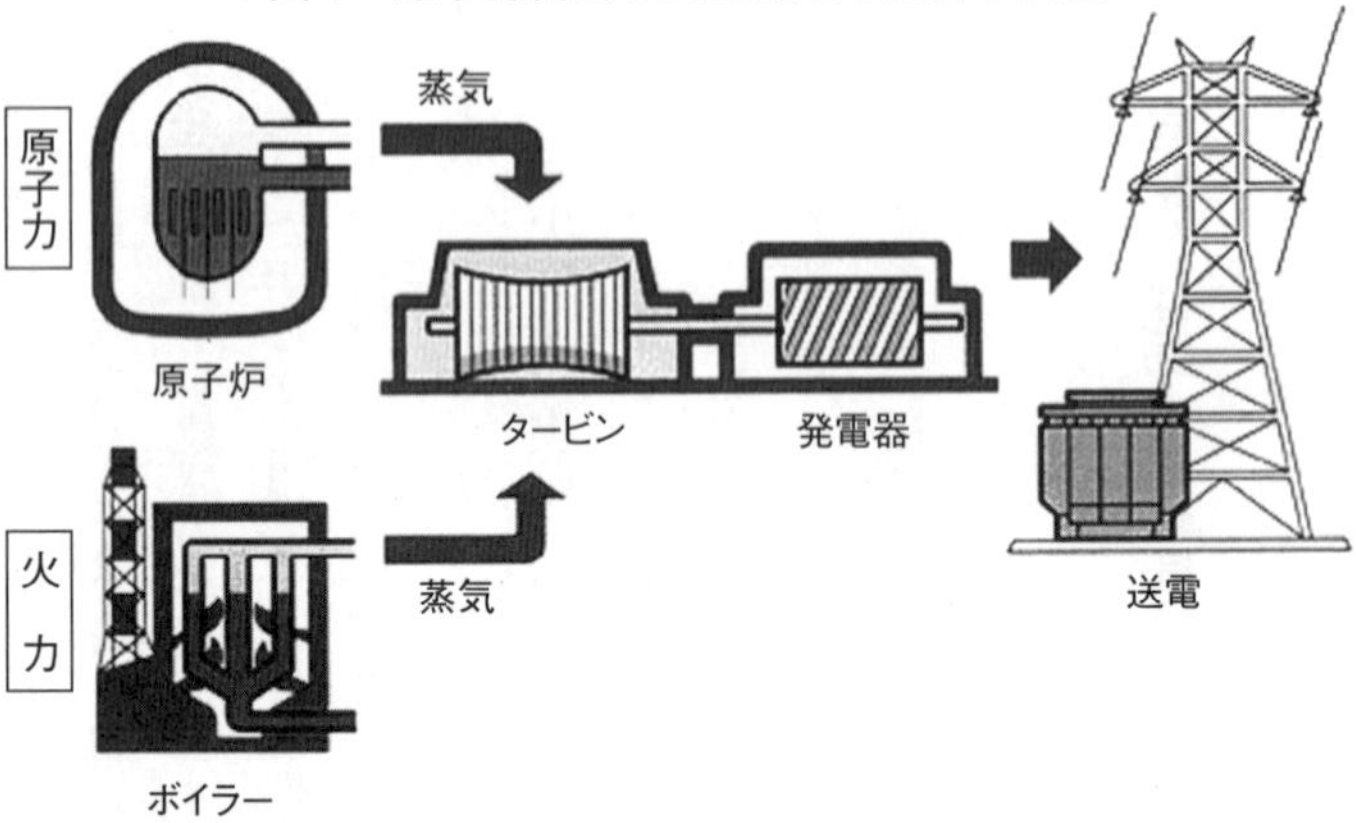

原子力発電とは、ウランの核分裂反応で生じるエネルギーでお湯を沸かして蒸気を発生させ、それでタービンを回す蒸気機関です（図１）。原発は最先端の技術だと思っている人が多いかもしれませんが、蒸気機関は２００年前の産業革命で生まれた古い技術です。

そして、原子力発電のエネルギーの利用効率はわずか33％しかありません。標準的と言える１００万kW級の原子力発電所の場合、毎日３kgのウランを核分裂させ、そのうち１kg分だけを電気に変換し、２kg分は利用できないまま捨てる装置です。

広島の原爆で核分裂したウランは８００gでしたから、１基の原発は毎日、広島に落とされた原爆約４発分のウランを核分裂させている計算になります。そして、ウランが核分裂してできるのが核分裂生成物、いわゆる死の灰です。その正体は、約２００種類にのぼる放射性核種の集合体です。１年間の運転を考えれば、広島の原爆がばらまいた死の灰の1000発分を超える死の灰を生み出します。

原子力を進めてきた人たちは、死の灰は厳重に閉じ込めて環境に出さないから安全だと主張してきました。しかし、万一それが環境に放出されるような事故が起きれば、破局的な被害が生じるのは当然です。

原発は機械です。機械はときに事故を起こします。その原発を造り、動かしているのは人間です。人間は神ではありません。ときに誤りを起こします。そのうえ、この世には人智では測ることができない天災もあります。どんなに私たちが事故を起こしたくないと願っても、ときに事故が起きてしまうことは、やはり覚悟しておかなければいけません。

最大の問題は、原発とは膨大な危険物を内包している機械であり、最悪の事故が起きてしまえば破局的な被害が避けられないということです。

放射能で汚染された土地に人びとが住み続けることを、私は望みません。けれども、その土地から人びとを追い出せば、チェルノブイリ原発事故で起きたように、今度は生活が崩壊してしまいます。私にはどうすればいいのか、わかりません。そんな過酷な選択を迫られることがないように、何よりも早く原発そのものを廃絶したいと願ってきましたが、その願いは届かないまま、福島原発事故は起きてしまいました。

4　チェルノブイリ原発事故から25年

旧ソ連のチェルノブイリ原子力発電所4号炉が事故を起こしたのは、いまから25年前の１９８６年４月26日でした。ソ連きっての最新鋭の原子力発電所で、モスクワの赤の広場に造っても安全と言われたほどです。１９８４年から運転を始め、ほぼ2年間にわたって順調に発電を続けてきました。ところが、初めての定期検査に入るため、出力を徐々に下げ、完全に停止する直前に突然、核暴走事故を起こして爆発したのです。

原子力発電所の所員と駆けつけた消防隊員が、燃えさかる原子炉の火を消そうと、懸命の消火活動を行います。そのなかで、とくに重い被曝をした31人が、生きながらミイラになるようにして、短期間のうちに悲惨な死に至りました。

ソ連政府は当初、事故を隠そうとしましたが、すぐに隠しきれない事故であることを理解し、まず周辺30㎞圏内の住民13万５０００人に、「３日分の手荷物を持って迎えのバスに乗るよう」に指示を出します。そして、累積で約60万人にのぼる「リクビダートル」（清掃人）と呼ばれた軍人・退役軍人・労働者が事故処理作業に従事しました。３カ月後には強度の汚染を受けた土地が原発から３００㎞も離れた場所にもあることがわかり、ソ連政府はさらに20数万人に及ぶ住民を強制的に避難させます。

チェルノブイリ原発事故では、セシウム137を尺度にして測ると、広島の原爆800発分が放出されました(図2)。放出された放射性物質は風に乗ってあちこちに流れ、大地を汚染していきます。その結果、「放射線管理区域」に指定しなければならないほどの汚染を受けた土地の面積は、チェルノブイリから東側に700km、西側に500kmの彼方まで及びました。その面積は日本の本州の6割に相当する14万5000km²です。

図２　原子力発電所が生む放射能の目安
（セシウム137による比較）

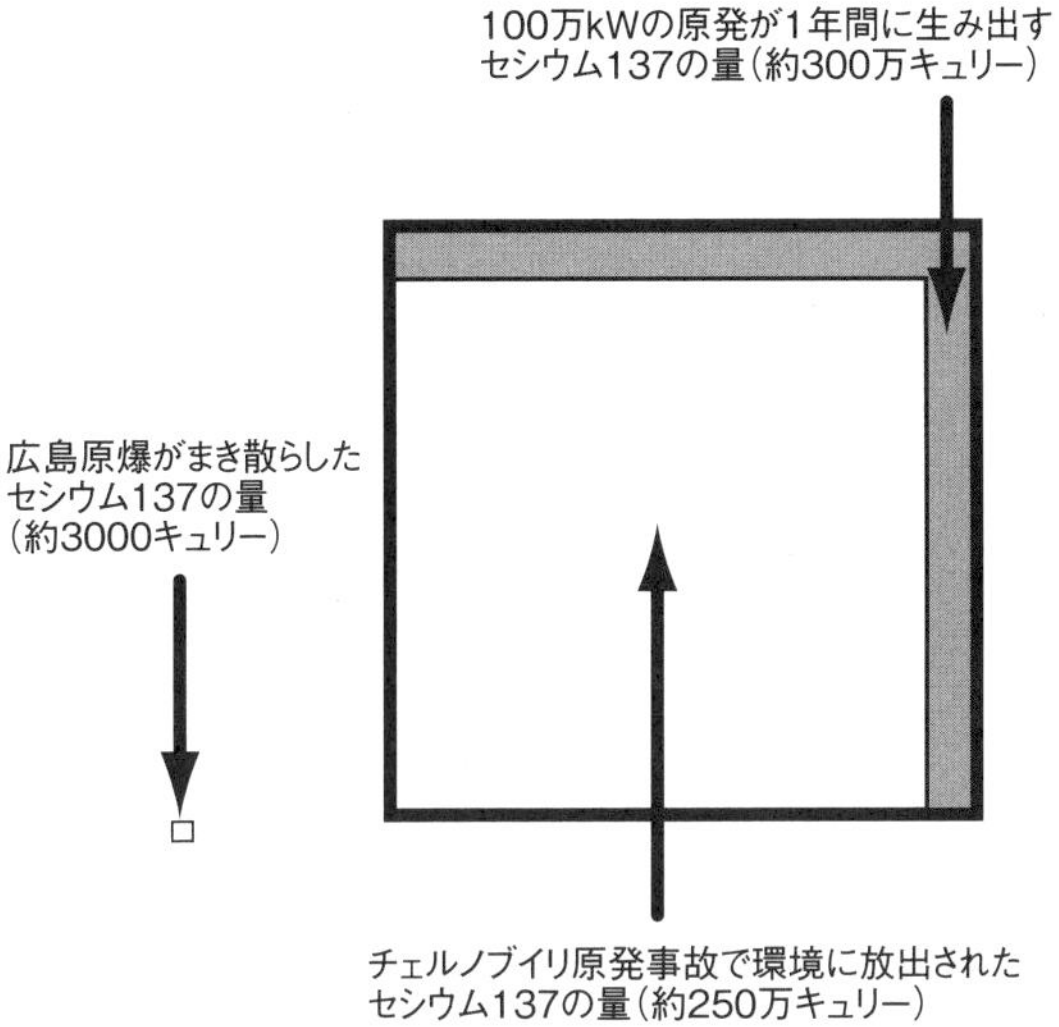

　放射線管理区域とは、1km²あたり1キュリー以上の場所で、放射線業務従事者が仕事上どうしても入らなければならないときに限って入るところです。普通の人びとが入るのは、病院のX線撮影室ぐらいでしょう。

　ソ連という国家自体がチェルノブイリ原発事故の影響もあって1991年に崩壊したた

め、避難させられたのは、1㎢あたり15キュリーという汚染の激しい地域に住む約40万人に限られました。本来なら放射線管理区域にしなければならない汚染地域に、いまなお子どもたちを含めて500万人を超える人びとが暮らしています。

放射線管理区域で働く人間のひとりとして、放射線管理区域内に一般の人びとを生活させることを私は到底許せません。ましてや、そこで子どもを産み、育てるなどということは、決してあってはならない。当然、避難させるべきだと思います。ただし、避難とは、人びとを住んでいる土地から強制的に追い出すことです。そうなれば生活自体が崩壊してしまいます。今回の福島原発事故でもそうですが、いったいどうすればよいのか、私は途方にくれるばかりです。

5 広島原爆3万発のエネルギー

私たち日本人にとって、地震は身近なものです。地震を経験しないまま一生を終えることはありません。

この地球という星で地震が起きるのは、いわゆるプレートと呼ばれる地殻の境界だけです（図3）。日本は、「太平洋プレート」「フィリピン海プレート」「ユーラシアプレート」「北米プレート」の4つのプレートがひしめく地震発生地帯にあります。世界全体に占める国土面積の比率は0・

図3　プレートと地震の発生地点（マグニチュード5以上の地震）

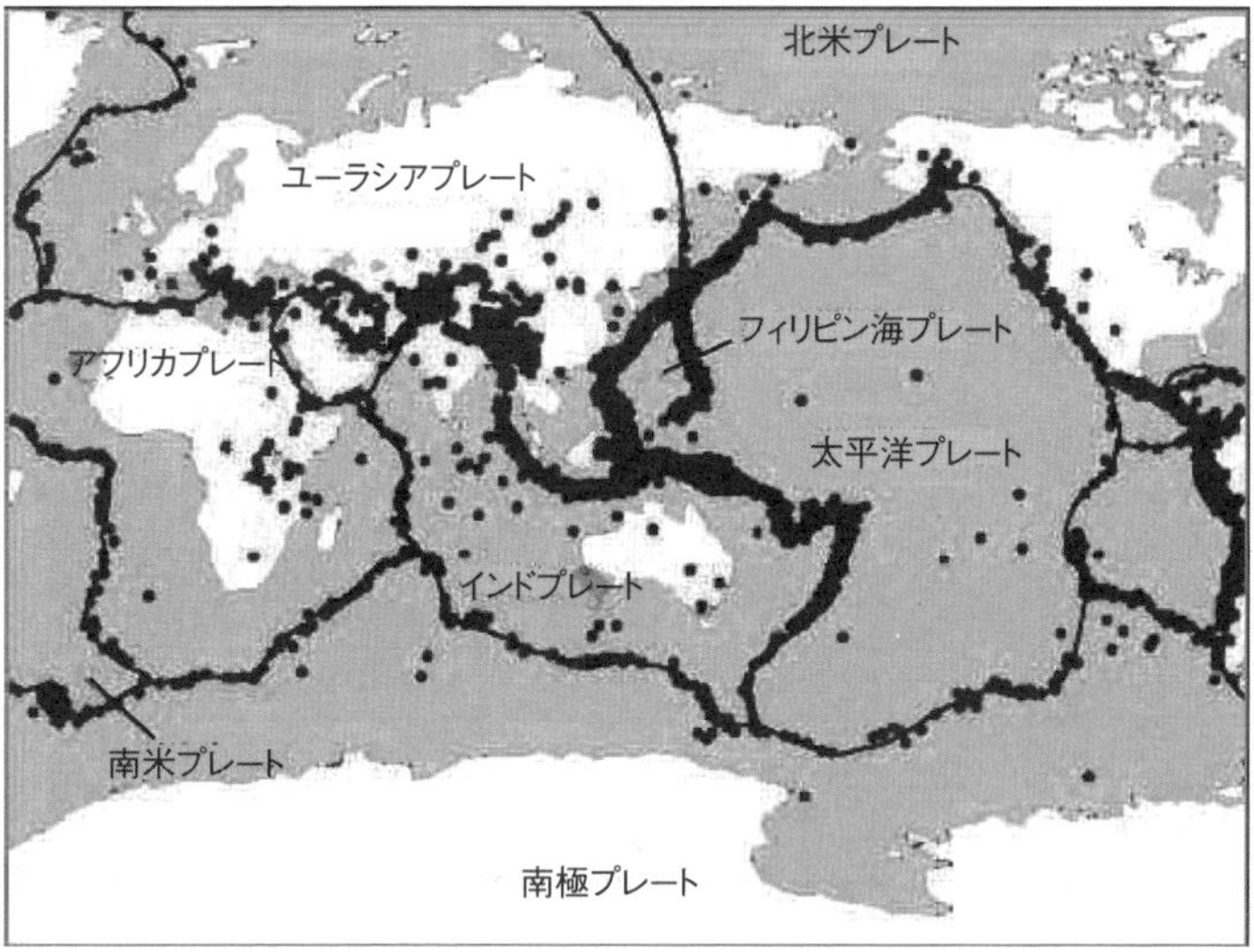

25％にすぎませんが、マグニチュード6以上の地震のうち20・5％が日本で発生するという世界一の地震国です。

地震は地下で岩盤が崩れて起こり、岩盤同士が擦れ合うときにエネルギーを放出します。そのときに生じたエネルギーの量を数式を使って、マグニチュードという値に換算します。そのマグニチュードと放出されたエネルギーの関係を表1に示しました。

たとえばマグニチュード6の地震が放出するエネルギーは、広島の原爆が放出したエネルギーに換算すると0・92発分、つまり約1発分になります。マグニチュード6の地震が起きた場合、地下で広島の原爆1発が爆発したと思えばいいわけです。ただし、このマグニチュードという値は少し変わった数式で

表１　地震の規模と放出されたエネルギー

マグニチュード	広島原爆に換算した個数	地震（発生年）
9.5	160,000	チリ（1960）
9.0	29,000	スマトラ島沖（2004） 東北地方太平洋沖（2011）
8.5	5,300	東海・南海（予測）
8	920	十勝沖（2001）
7.9	650	関東大震災（1923）
7.3	82	兵庫県南部（1995） 鳥取県西部（2000）
7.2	58	岩手・宮城内陸（2008）
7	29	福岡県西方沖（2005） ハイチ（2010）
6.8	15	新潟県中越（2004） 新潟県中越沖（2007）
6.3	2.6	ジャワ島中部（2003） クライストチャーチ（2011）
6	0.92	
5	0.029	
4	0.00092	

換算していて、たとえばマグニチュード6から8に2上がると、放出したエネルギーは１０００倍になります。

　２００７年7月に起きた新潟県中越沖地震はマグニチュード6・8、つまり広島原爆15発分のエネルギーで、世界最大の原発である東京電力柏崎刈羽原子力発電所を襲いました。東京電力がこれ以上の地震は決して起きないと想定した最大の直下地震はマグニチュード6・5だったので、その3倍の大きさです。

　１９９５年1月17日に発生した兵庫県南部地震（阪神・淡路大震災）では、６５００人近い死者を出しました。マグニチュードは7・3で、広島原爆82発分のエネルギーに相当します。淡路島から神戸にかけての地下で広島原爆が次々と82発も炸裂したと考えれば、その地震の規模を想像できるでしょう。

２００4年12月26日に起きたスマトラ島沖地震は、今回の東日本大震災と同じマグニチュード９・０、広島原爆約３万発分のエネルギーに達しました。地球の回転軸がゆがみ、１年の長さまで変わったほどの巨大地震で、20万人を超える人たちが亡くなりました。

世界の原子力発電所は、ほとんど例外なく地震地帯を避けて建設されています。アメリカには約１００基の原発がありますが、それらの多くは地震が起きない東海岸です。ヨーロッパには約１５０基の原発がありますが、ヨーロッパ諸国は安定した地殻の上にあり、地震の心配をする必要がありません。一方、世界一の地震国日本では54基もの原発が動いているのです。

発電には原子力だけでなく、火力や水力、太陽光や風力などさまざまな方法があります。にもかかわらず、たかが電気のために、なぜこれほど馬鹿げた選択をする必要があるのでしょうか。

6　危険なのは浜岡だけでない

いま恐れなければならないのは東海地震です。

本州、四国の太平洋沿いでは、古くから巨大な地震が周期的に起きてきました。四国沖から紀

図４　南海トラフ沿いの３つの地震の震源域（概念図）と浜岡原発

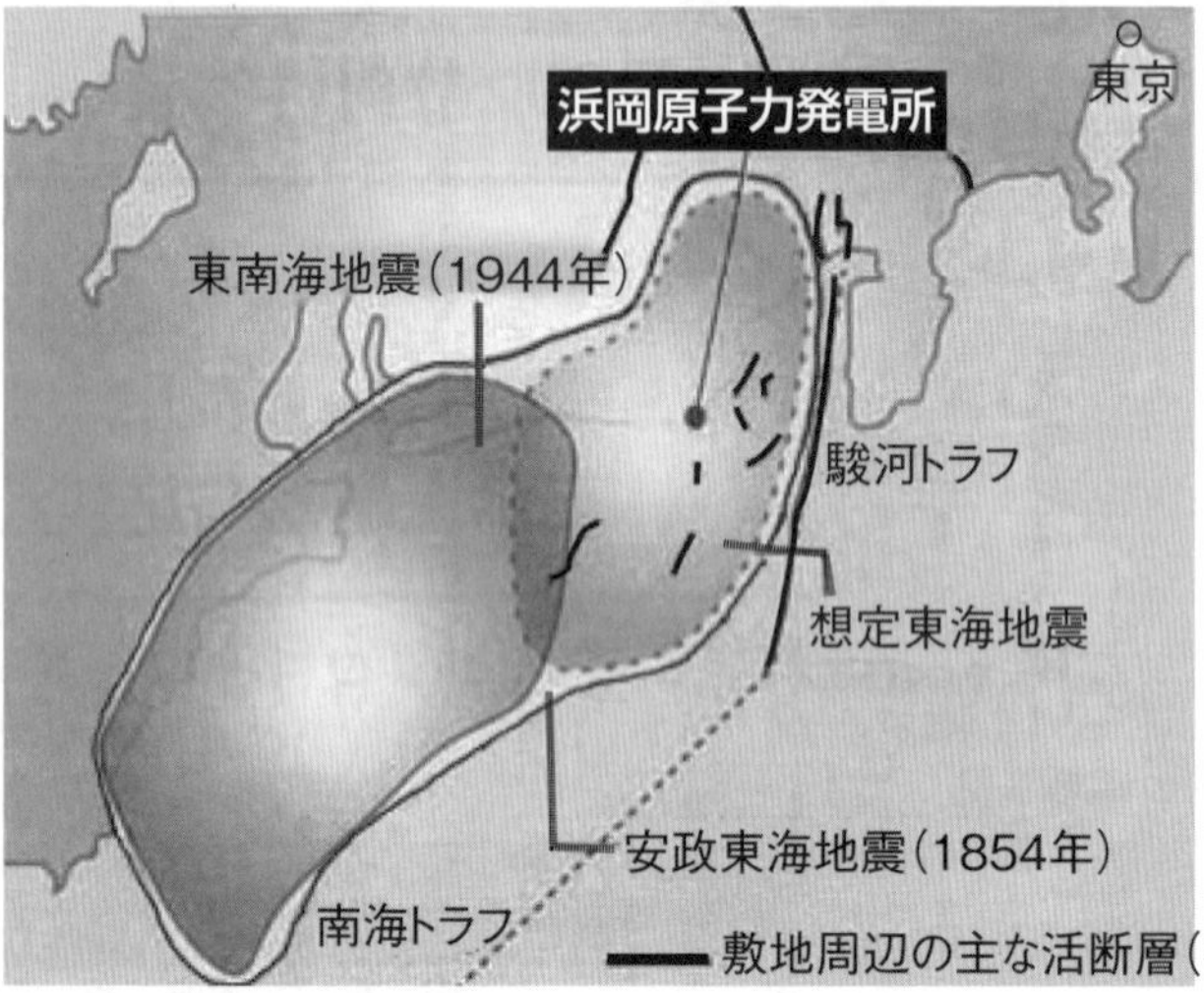

（出典）中部電力冊子より。

伊半島西側にかけて起きる南海地震、紀伊半島先端から東にかけての東南海地震、そして駿河湾付近の東海地震は、１００〜１５０年に一度は起きることを歴史が示しています（図４）。ところが、東海地震は１８５４年に起きて以来、すでに１６０年近く起きていません。政府の地震調査委員会は、東海地震が今後30年以内に87％の確率で起き、その規模はマグニチュード８程度と予測しています。

その予想発生震源域の中心にあるのが、静岡県御前崎市にある中部電力浜岡原子力発電所です。

浜岡には5基の原発が建設されてきましたが、東海地震の発生が切迫しているうえに、敷地の地盤が劣悪で、地震の揺れが増幅されることがわかっています。このため、１号機（54万kW、1976年運転開始）と2号機（84万kW、1978年運転開始）は、耐震補強工事にカネがかかりすぎるとの理由で、2009年1月末に運転を終了しました。しかし、3号機（110万kW、1987年運転開始）、4号機（113・7万kW、1993年運転開始）、5号機（138万kW、2005年運転開始）の3基は、今年の5月上旬まで運転を続けていました。

東海地震が起きた場合、浜岡原発で福島原発事故のような破局的な事故が引き起こされる危険性は十分にあると考えるべきでしょう。マグニチュード8の地震では広島原爆920発分のエネルギーが放出されます。南海地震と連動する場合にはマグニチュードは8・5になると言われ、その際に放出されるエネルギーは広島原爆5300発分に相当するのです。これまで国や電力会社は、「原子力発電所だけは、いついかなるときも絶対安全だ」と言い続けてきました。広島原爆数千発が直下で炸裂して、なお安全だと言える構造物とは、いったいどのようなものでしょうか。

浜岡原発でチェルノブイリ級の事故が起きた場合、どれだけの被害が出るかシミュレーションしてみました（図5）。

まず、日本中の国土を放射線管理区域にしなければなりません。風向きが西から北西方向であれば、韓国や朝鮮民主主義人民共和国もほぼ全域が放射線管理区域にしなければならない範囲に含まれます。強制避難の対象となる場所は250km も風下にまで及びます。そして、風下に入っ

図５　浜岡原発事故によるセシウム137の地表汚染のシミュレーション

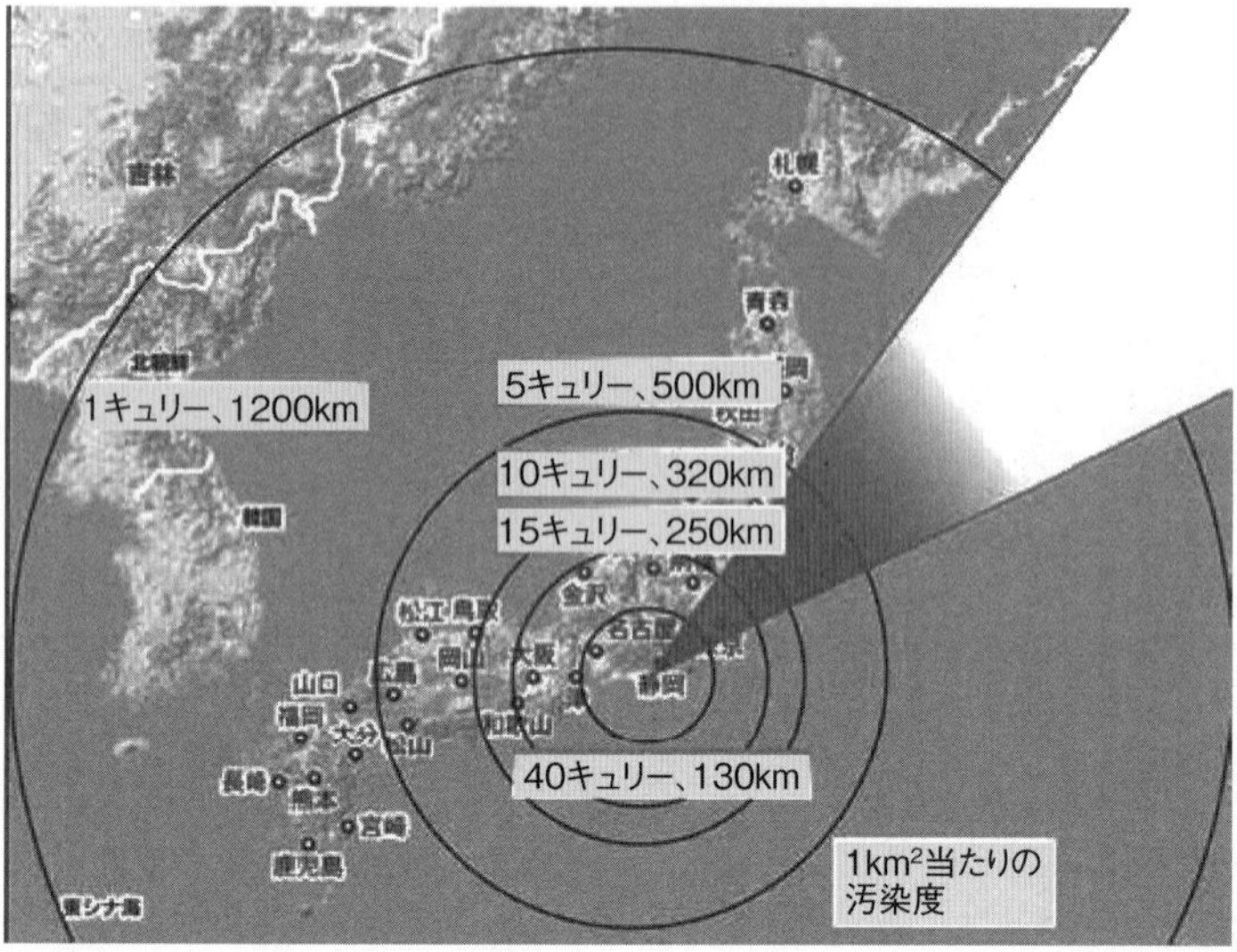

てしまえば、東京や名古屋、大阪からすべての人びとを避難させなければなりません。

　放射能の雲が北東45度の方向に流れた場合、首都圏が巻き込まれます。30日後に避難したと仮定しても、体内に取り込んでしまった放射能からの被曝は続き、東京周辺だけで65万人、静岡など他地域も含めると１３０万人のガン死者が出るという計算結果になりました。放射能の雲が２８５度方向に向かった場合には、名古屋周辺と浜松市が被害を受け、ガン死者の合計は１２０万人と推計されます（図６）。原発を過疎地に押し付けてもなお、都会でたくさんの人びとが犠牲になるのです。

　菅直人首相の要請を受けて、中部電力は今年5月中旬、2〜3年後に防潮堤が完成する

図６　浜岡原発事故による風向別の距離ごとのガン死者発生のシミュレーション

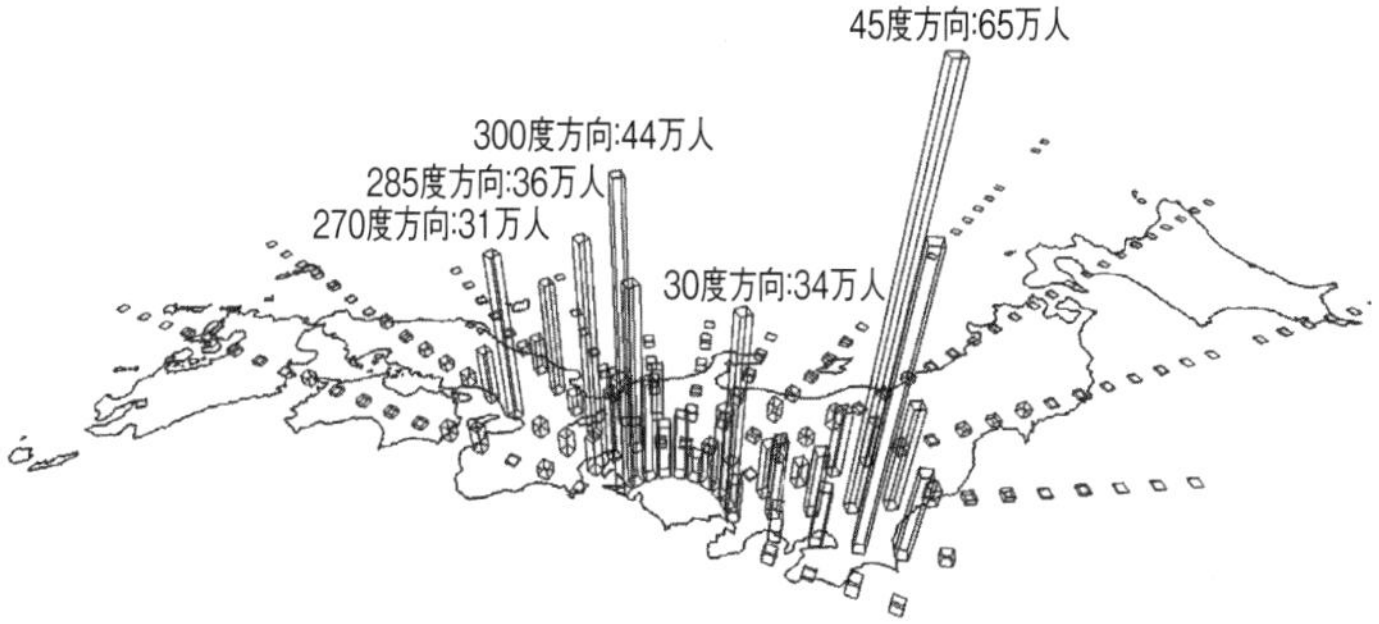

まで、浜岡原発の運転を停止しました。浜岡原発は東海地震の予想震源域のど真ん中にあって、とてつもなく危険だから早く止めなさいと私も言ってきたし、菅さんもそう考えたのでしょう。たしかに、運転しているよりは止めたほうがよいですが、止めたからといって安全ではありません。それは、福島原発事故で起きている事実が示しています。

福島第一原子力発電所4号機は、停止中に地震に襲われました。核燃料は原子炉内にはなく、使用済み燃料プールの中にありました。ところが、プールが激しく損傷して、いまも冷却に苦闘しています。浜岡原発の場合も核燃料は使用済み燃料プールに保管する以外にないと思いますが、福島原発で起きたような事故は起こりえるわけです。

また、防潮堤や防波堤を整備しても、安全ではありません。これまでも想定外の事故を起こしてきたのが、原発の歴史でした。原子力発電所というのは、事故が起きた場合の被害がとてつもなく大きいので、想定外というような言葉をそもそも使ってはいけない機械なのです。想定外という言葉を使えない機械は、そもそも使うべきではないと考えなければいけません。

さらに、浜岡以外の原発には運転停止要請がされませんでした。しかし、浜岡以外の原発もすべて止めるべきだと思います。原子力発電所は1基で広島原爆がばらまいた核分裂生成物の数千発分の毒物を抱え込んでいる機械です。機械が壊れるのは当たり前で、事故が起きれば、とてつもない被害が出る。それがわかっていたから、原発は都会には建てないという方針でやってきたわけです。そんな危険な機械は初めから建ててはいけない。細かい議論などまったく必要ないと私は思っています。

それから、すでに溜まってしまった毒物である放射性物質をどうするかが大変な問題です。国は地下に埋め捨てにすると言っていますが、私は埋め捨てにしてはいけないと主張してきました。なぜかと言えば、埋め捨てにした場合、１００万年もの間、保管しなければなりません。そんな長い期間にわたって保管することを科学が保証できる道理がありません。ですから、埋め捨てにしてはいけないと言ってきました。

では、どうするのかと問われても、これといった方策がありません。方策がないような廃棄物を生むこと自体をまずは止めてくれ、と私は言ってきたわけです。

7　エネルギー浪費社会を改める

発電所の設備能力を見るかぎり、原子力発電はいますぐ止めても困りません。私たちは何の苦痛も伴わずに原子力から足を洗うことができます。

発電所の設備能力で見ると、原子力は全体の18％しかありません。その原子力が発電量では28％になっているのは、原子力発電所の設備利用率だけを上げ、火力発電所の多くを停止させているからです。原子力発電が生み出した電力をすべて火力発電でまかなったとしても、なお火力発電所の設備利用率は7割にしかなりません。それほど日本では発電所は余っていて、年間の平均設備利用率は48％にすぎません。

けれども、私が言いたいのは、電気が足りようが足りなかろうが、原発は即刻、全廃すべきだということです。原発事故の危険を他人に押し付けながら、自分だけ電気を使って享楽的な生活を送りたいという考え自体がおかしいと思いませんか。福島原発事故の悲劇を見ながら、そう思わない人がいるのが、私は不思議でなりません。

政府はこれまで、国民に情報を与えずに、国策として原子力を進めてきました。都会には原発がないので、都市住民は原発に何の関心も持たず、国がやっているのだから大丈夫だろうぐらいに思ってきたでしょう。しかし、これだけの事故が起きたわけですから、気づいてほしいと願っています。

私たちはいったい、どれほどの物に囲まれて生きれば幸せなのでしょう。人工衛星から夜の地球を見ると、日本は不夜城のごとく煌々と夜の闇に浮かび上がります。建物に入ろうとすれば、自動ドアが開き、人びとは階段ではなく、エスカレーターやエレベーターに群がります。冷房をきかせて、夏だというのに長袖のスーツで働きます。そして、電気をふんだんに投入して作られる野菜や果物が、季節感のなくなった食卓を彩る。

現在、地球温暖化問題の重要性が喧伝され、それを防ぐためには原子力が必要だなどという途方もないウソが流されています。地球温暖化、もっと正確に言えば気候変動の原因は、日本政府や原子力推進派が宣伝しているように、単に二酸化炭素の増加にあるのではありません。

産業革命以降、とくに第二次世界大戦以降の急速なエネルギー消費拡大の過程で、二酸化炭素が大量に放出されたことは事実です。それが気候変動の一部の原因になっていることも本当でしょう。しかし、生命環境破壊の真因は、「先進国」と呼ばれる一部の人類が産業革命以降、エネルギーの膨大な消費を始めたこと自体にあります。そのため、多くの生物種がすでに絶滅させられたし、いまも絶滅させられようとしています。

地球の環境が大切であるというのであれば、二酸化炭素の放出を減らすなどという生やさしいことではすみません。人類の諸活動が引き起こした災害には、大気汚染、海洋汚染、森林破壊、酸性雨、砂漠化、産業廃棄物、生活廃棄物、環境ホルモン、放射能汚染、さらには貧困、戦争などがあります。そのどれをとっても、巨大な脅威です。温暖化が仮に脅威だとしても、無数にある脅威の一つにすぎませんし、その原因の一つに二酸化炭素があるかもしれないというにすぎません。

日本を含めた「先進国」と自称している国々に求められていることは、何よりもエネルギー浪費社会を改めることです。あらゆる意味で原子力は最悪の選択ですし、代替エネルギーを探すなどという生ぬるいことを考える前に、まずエネルギー消費の抑制にこそ目を向けなければならないと思います。

残念ではありますが、人間とは愚かにも欲深い生き物のようです。種としての人類が生きのびることに価値があるかどうか、私にはわかりません。ただ、もし地球の生命環境を私たちの子どもや孫たちに引き渡したいのであれば、その道はただ一つ「少欲知足」しかありません。

一度、手に入れてしまったぜいたくな生活を棄てるには、苦痛が伴う場合もあるでしょう。当然、浪費社会を変えるには長い時間がかかります。しかし、世界全体が持続的に平和に暮らす道がそれしかないとすれば、私たちが人類としての叡智を手に入れる以外にありません。私たちが日常的に使っているエネルギーが本当に必要なのかどうか、真剣に考え、一刻でも早くエネルギー浪費型の社会を改める作業に取りかからねばなりません。

ガンジーのお墓には、「現代社会の七つの大罪」という碑文が残っているそうです。一番初めが「理念なき政治」。これは、政治家の方々に十分にかみしめてもらいたい言葉です。ついで、「労働なき富」「良心なき快楽」「人格なき知識」。そして、「道徳なき商業」。これは、東京電力をはじめとした電力会社にあてはまると思います。最後が「献身なき崇拝」です。その前に「人間性なき科学」というのがあります。私も属している、いわゆるアカデミズムの世界は、これまで原子力の推進に丸ごと加担してきました。私はこのガンジーの言葉とともに、そのことを問いたいと思います。

提言／06

シビアアクシデントは不可避である

後藤政志《ごとうまさし》

元原子炉格納容器設計者

1949年、東京都生まれ。広島大学船舶工学科卒業。三井海洋開発で海洋構造物を設計したのち、1989年から東芝で原子炉格納容器の設計に従事。柏崎刈羽原発や浜岡原発の設計に携わり、2009年に退職。設計者として、原発の技術面での問題を指摘している。共著に、『徹底検証21世紀の全技術』(藤原書店、2010年)、『老朽化する原発――技術を問う』(原子力情報室、2005年)、『転換期の技術者たち――企業内からの提言』(勁草書房、1989年)。

1　不幸中の幸い

福島第一原子力発電所では、1号機から3号機まで3機とも、炉心が溶融する事故を起こしてしまいました。水蒸気爆発が起きて原子炉圧力容器や格納容器まで破壊してしまう最悪の事故が今のところ避けられているのは、不幸中の幸いと言ってもよいでしょう。

圧力容器と格納容器内部の圧力が外と変わらなくなっているので、どちらも損傷し、放射能の閉じ込め機能を失っていることは明らかです。冷却水を入れて溶けた炉心を冷やしているものの、放射能に汚染された水が10万tのオーダーで出てきています。通常、使用済み核燃料プールを含めたプールは水が漏れないように、コンクリートだけでなくライナーという金属の板を入れているのですが、原子炉建屋のコンクリートはそうなっていません。だから、地震や津波でできた亀裂から放射能に汚染された水が地下や海に漏れ出していくのが心配です。

避難されている方々には気の毒で申し訳ないのですが、周辺地域がこれだけ放射能に汚染されてしまうと、自宅に戻るというのはとても厳しいでしょう。最後は、個々人の選択という非常に重たい問題になります。この点を考えても、福島原発事故のインパクトの大きさを改めて感じざるをえません。

東京電力や原子力安全・保安院は、冷温停止状態にもっていこうとしています。しかし、冷温停止というのは運転している原発を止める時の状態です。炉心溶融事故を起こした原子炉には、冷温停止という言葉自体がそもそも馴染みません。どう考えたものかと、私自身とまどっているというのが正直なところです。

2　多発していた制御棒の事故

原子炉には制御棒というものがあり、これが長さ4mある棒状の核燃料棒の束の間に差し込ま

表1　制御棒脱落・誤挿入事故一覧（～2007年）

年　月　日	原　発　名	事　故　内　容
1978年11月 2日	福島第一3	制御棒5本が脱落、臨界
1979年 2月12日	福島第一5	制御棒1本が脱落
1980年 9月10日	福島第一2	制御棒1本が脱落
1988年 7月 9日	女川1	制御棒2本が脱落
1991年 5月31日	浜岡3	制御棒3本が脱落
1991年11月18日	福島第一2	制御棒5本が誤挿入
1993年 4月13日	女川1	制御棒1本が誤挿入
1993年 6月15日	福島第二3	制御棒2本が脱落
1996年 6月10日	柏崎刈羽6	制御棒4本が脱落
1998年 2月22日	福島第一4	制御棒34本が脱落
1999年 6月18日	志賀1	制御棒3本が脱落、臨界
2000年 4月 7日	柏崎刈羽1	制御棒2本が脱落
2002年 3月19日	女川3	制御棒5本が誤挿入
2005年 4月16日	柏崎刈羽3	制御棒17本が誤挿入
2005年 5月24日	福島第一2	制御棒8本が誤挿入

れると、核分裂反応が止まります。だから、制御棒がきちんと入るということが、大事故を防ぐうえで第一に重要なことです。福島原発事故では幸い、制御棒が入って核分裂反応が止まりました。

ところが、日本の原発では、過去に何度も制御棒の事故が起きています。制御棒が脱落したり、誤挿入されたりして核分裂反応のコントロールを失った事故が、10件以上も報告されているのです（表1）。

このうち、福島第一原発3号機と石川県にある北陸電力志賀原発1号機では、制御棒をコントロールできずに核分裂反応が止まらない「臨界」を起こす事故が起きていました。放射能漏れなどがなかったため、重大な事故とは見なされませんでしたが、それはたまたまであって、いつか必ず大事故が起こることは目に見えています。しかも、これらの事実はずっと隠蔽されてきたのです。本当に忌々しきことだと思います。

私は1989年から10年以上にわたって、原子力プラント、なかでも原子炉格納容器の設計に携わってきました。そこでは、制御棒だけは絶対に事故を起こさないように設計されていると教えられていましたし、私自身もそう確信していました。ところが、2000年以降、制御棒の事故が続々と明らかになったのです。電力会社や原子力安全・保安院は、こうした事故について個別に原因を調べて対応してきました。しかし、私は原発というシステムに関わるもっと根本的な問題だと思っています。制御棒の事故が多発している実態が発覚した段階で私は、原子力の安全性は技術的に成立しない、と考えるようになりました。

3　原発の技術的な問題

私が設計していた格納容器にも、技術面でのさまざまな問題がありました。格納容器というのは厚さ2～3㎝の鋼鉄製の容器で、事故の時に放射能を閉じ込めるのがおもな役割です。いわば最後の砦であって、今回の事故でも格納容器がきちんと機能していれば、こんな惨事にはならず、被害も少なくてすんだでしょう。

格納容器は、冷却系統が失われて高温高圧にさらされると壊れてしまいます。それを避けるために、ベントと言って圧力を外に逃しますが、それは一言で言えば、放射能を環境にまき散らすことです。今回の事故でもベントをしました。ただし、その意味をどれだけわかったうえでやったのかどうか、疑問が残ります。

格納容器は穴がひとつ開いたら、それで機能を失ってしまいます。2007年に新潟県中越沖地震が起きた際、県内にある東京電力柏崎刈羽原発では、地震の揺れが想定を超え、設計条件を2・5～3倍も超えていました。たまたま大きなダメージがなかったため、電力会社や原子力安全委員会は「設計上、十分な余裕があった」と説明しましたが、とんでもありません。ダメージがなかったのはあくまでも偶然であって、揺れ方によっては格納容器などが壊れてもおかしくない条件だったと考えるべきなのです。

もうひとつ、原発には老朽化という問題があります。老朽化で一番恐いのは、圧力容器の脆性《ぜいせい》破壊です。圧力容器は厚さ十数㎝の鋼鉄でできています。その中に炉心があって核燃料が入っていますから、核分裂反応が起きると中性子が飛び交うわけです。圧力容器の側面は中性子による被曝を受け続けるため、鋼鉄が損傷して脆くなっていきます。

金属の破壊には、延性破壊と脆性破壊があります。延性破壊は、力がかかった金属がグーッと延びて壊れる場合です。変形してから壊れるので、比較的安全と言えます。ところが、脆性破壊は、ガラスが割れるように一気に壊れてしまうため、構造物においては絶対に起こしてはいけない破壊様式です。

今回の事故のように、緊急に冷却水を入れると、圧力容器がいきなり冷やされ、PTS（プレッシャーライズド・サーマル・ショック、加圧熱衝撃）が起こります。この時、圧力容器が中性子で脆化していると、瞬時に壊れてしまうのです。したがって、脆性破壊は万が一にもあってはなりません。

老朽化した原子炉は、この脆性破壊のリスクを負っています。このため、脆性破壊を起こさないように圧力容器の安全性が評価されています。ところが、短期間の照射実験のデータをもとに評価され、船などに比べて評価に余裕をもたせていないので、ものすごく恐ろしいです。

4　放射性廃棄物について

原発でさらに厄介なのが、放射性廃棄物の処理です。原発を廃炉にするのに10年かかると言われます。原子炉などの構造物には相当の放射能が溜まっているため、高レベル放射性廃棄物の処分は大変な作業です。

一方で、汚染の度合いは低いものの、低レベル放射性廃棄物が数万tのオーダーで生じます。量が膨大になるため、これらの処分も簡単ではありません。低レベル放射性廃棄物については、「裾切り」と言って、一定の放射能以下の廃棄物を普通のごみと同じように取り扱うという基準を設けて処分しています。とはいえ、放射性物質を世の中に出すわけですから、リスクを負っています。

放射能というのは厄介で、一度環境に放出されると熱しようが焼こうがなくなりません。私たちの周辺に存在し続けます。いったん拡散して薄まった放射能が、さまざまな環境の中で濃縮されることもあり、現に、高濃度に汚染された灰が出ているごみ焼却場もあります。しかも、計測しないと、あるかどうかもわかりません。そういう恐ろしい存在なのです。

今回の原発事故では、数少ないポイントで計測して「ただちに健康に影響はないレベル」などと言っています。しかし、環境に放出された放射能は雨とともに流れて一カ所に集まったり、濃縮されたりしていきますから、注意しなければなりません。

東京電力は大量の汚染水の処理に苦慮しています。液体のままでは処理がむずかしいので、最新技術で濾過して固形にするのがベストです。ただし、その固形化した高レベル放射性廃棄物をどうするのか。六ケ所村に持っていくのか。持っていっても、最終処分ではありません。最終処分場はまだ決まっておらず、いわゆる「トイレなきマンション」の状態です。

処分をどうするか、これから検討しなければなりません。ひとつ言えることは、できるだけ手をつけないということです。ただでさえ危険なものですから、できるだけ移動したり加工したりして余計なリスクを増やさない。その原則に従えば、福島第一原発の放射性廃棄物については、敷地内で処分するのが一番よいかもしれません。

5　シビアアクシデントは不可避

福島原発事故について、想定をはるかに超えた津波によって事故が起きたと言う人がいます。それは、原子力プラントの恐ろしさを理解していない人の発言です。

津波や地震の対策を取れば、今回のようなシビアアクシデント（過酷事故）を防げるかというと、そんなことはありません。落雷でも、台風でも、竜巻でも、電気系統が機能しなくなる可能性があります。あるいは、そうした外的な条件がなくても、機器が故障したり、それに人為的なミスが重なったりすれば、シビアアクシデントは起こります。

原発ではたしかに、安全装置が4重にも5重にも備えられていますが、全部突破されると制御不能になってしまう。これが原子力技術の特徴です。シビアアクシデントは原子力の特性であって不可避である、と私は考えています。津波や地震は、その入り口にすぎません。

ところが、電力会社や原子力安全・保安院、それに原子力安全委員会は、シビアアクシデントの発生確率はきわめて小さいとして、無視してきました。これが最大の問題です。とくに、原子力安全委員会の責任は重大だと思っています。

よく、10万年に一度起こるか起こらないかの確率と言います。けれども、まだ100年も経っていない原子力の歴史で、人類はすでに3回のシビアアクシデントを経験しました。確率計算を事故が絶対に起きない根拠としてきた原発の安全性評価は、まったくのまやかしだと理解すべきです。確率は非常に小さいものの、どういう対策を取ってもシビアアクシデントが起きてしまう以上、原子力は受忍できない技術です。受忍できない技術は当然やめるべきでしょう。

今度、原発事故が起これば、日本という国は確実に壊滅すると思います。原子力をこれ以上、進めるというのであれば、絶対にシビアアクシデントが起こらないことを工学的に証明する必要がありますが、そんなことは不可能だと私は考えています。完璧な事故対策をするよりも、新たなエネルギーにシフトするほうが技術的にもはるかに容易であり、短時間でできるでしょう。膨大な原子力予算を振り向ければ、解決可能ではないでしょうか。今こそエネルギー政策全体を見直して、原子力から脱却していくことが現実的だと思います。

6　原子力の二の舞はしない

地球温暖化が問題になるなかで、原子力は環境にやさしいエネルギーだと言われてきました。よく言うよ、という感じです。原発は放射能を出し続けるわけですから、最悪のエネルギーです。放射能の負荷は非常に大きく、不可逆なのです。不可逆という意味は、一度、環境を汚染してしまったら、元に戻せないということ。それを環境にやさしいなどと言うこと自体がデマゴギーもいいところであって、そういうことを言うから信用できないのです。

一方、化石燃料に依存すべきでないというのも自明のことですから、風力とか太陽光とか、できるかぎり再生可能エネルギーにシフトしていくということになるでしょう。

風力発電の場合、陸地に設置するのがむずかしいとすると、洋上に造ることになるかもしれません。日本はもともと海洋関連の技術は得意ですから、多少コストがかかっても洋上にしたほうが問題解決につながるかもしれません。

太陽光発電については、福島原発の周辺に人が住めなくなるようであれば、そこを使うという選択肢もあると思います。ただし、その際には発電のコストやリスクをきちんと評価してから取りかかるべきです。原子力はそういう評価をきちんとしなかったために、こんな重大事故まで起こしてしまいました。原子力の二の舞をしないことが重要です。

もうひとつは省エネルギー。ただし、今行われている省エネは不必要に電気を使う方向になっていて、気がかりです。テレビや冷蔵庫などの家電製品が省エネ化されるのは素晴らしいけれど、同時に大型化しています。たとえば、エネルギーを30％カットしても、容量を30％増しにすれば、トータルでは同じ量のエネルギーを使うことになるから、節電にはなりません。

たしかに大きいほうが見栄えはいいし、便利な面もありますが、本当に必要なのか、疑問が残ります。消費者は、本当に家電製品の大型化を望んでいるのでしょうか。実際はそうではなくて、メーカーサイドの販売戦略ではないのか。

私は、こういうやり方ではダメだと思います。そうではなくて、本当に必要な分だけエネルギーを使う形にするべきです。ムダなことに使わず、もっとシンプルに。そのためにも、われわれ消費者自身が自分たちの生活を見直していくことが必要だと考えています。

提言／07

問われる放射線専門家の社会的責任

崎《さき》山《やま》比《ひ》早《さ》子《こ》
高木学校

東京都生まれ。千葉大学医学部卒業、医学博士。マサチューセッツ工科大学で３年半研究員を務め、帰国後に放射線医学総合研究所勤務。研究分野はガン細胞の細胞生物学など。定年１年あまり前に高木学校に参加。医療被曝問題や原子力教育の問題に関連する活動を通じて市民科学者をめざしている。共著に、『受ける？受けない？エックス線CT検査』（七つ森書館、2008年）。

日本の放射線関係専門家の言動が、専門家としての資質も含めて、これほど世界的な注目を浴びたことは、かつてなかったのではないでしょうか。

福島第一原発の前例を見ない大事故は、事故から３カ月が経った今も、まだ収束の見通しすら立っていません。１号機から４号機までの使用済み核燃料は、使用中だったものを含めて８５１ｔにも及びます。使用済み核燃料というのは、いわゆる死の灰です。原子力発電に使ったウラン２３５は広島に落とされた原爆の材料と同じですから、その核分裂生成物は死の灰となります。

死の灰といわれるのは、広島の被爆者や第五福竜丸の乗組員が受けたように、大量に浴びると死亡するためです。死の灰が人の手におえないのは、死の灰の本体、不安定な核分裂生成物が長期間にわたって放射線と熱を出しながら崩壊を続けるからで、人間はそれをコントロールできません。ここでいう長期間とは、百万年単位の長さを指します。

福島原発の原子炉と冷却プールでは、この死の灰がほとんど何の防壁もなく、むき出しの状態で、ただひたすら水をかけられています。ところが、その水はかけるそばから漏れ出していて、高濃度汚染水はたまる一方です。原子力推進当局はいったい何をしているのかと、怒りと心配で眠れない日々を過ごしている人は多いのではないでしょうか。一方で、テレビや新聞に登場する放射線や原子力の専門家の発言を朝から晩まで聞かされていると、ひょっとすると心配するほうがおかしいのかと自問してしまうほどです。

3月12日から16日までに起こった水素爆発、格納容器の圧を下げるために行われた「ベント」などによって原子炉内から放出された放射性物質は、風に乗って広く拡散しました。各地の空間線量率（単位時間あたりの放射線量）は著しく上昇し、数マイクロシーベルト／時という値が発表されました。すると、被曝時間を無視して微量と言ったのは論外としても、何の根拠も示すことなく「ただちに健康に影響する線量ではありませんから、安全です。安心です」という「専門家」の発言が繰り返されました。

† †

どのような放射線生物学の教科書を見ても、放射線の身体的障害作用として、「急性障害と晩発障害」および遺伝的な障害があると書かれています。急性障害は100ミリシーベルト以上を一度に全身に浴びると、被曝後比較的短時間に発症する症状で、一番軽いものがリンパ球や白血球の一時的な減少です。これ以下の線量では、95%以上の人には急性障害は出ないといわれています。

しかし、忘れてはいけないのが、数年から数十年後にガンになるかもしれないという晩発障害の可能性です。晩発障害には、ある線量以下であればガンにはならない、という境界の線量「しきい値」は見つかっていません。したがって、ガンになるリスクは線量に比例して増加すると考えられており、これを「しきい値なし直線説」と言います。

この「しきい値なし直線説」は、アメリカの科学アカデミーから出版された『低線量電離放射線被曝による健康リスク』でもっとも合理的と認められています。国連科学委員会、国際放射線防護委員会、欧州放射線リスク委員会などの放射線に関する主要な国際機関でも、この考え方が採用されています。すなわち、「放射線には安全量は存在しない」というのが国際的な合意事項なのです。国際放射線防護委員会はこの説にしたがって放射線防護をするように、各国に勧告してきました。

そもそも「しきい値なし直線説」は、広島・長崎の被爆者約9万人を60年間近く追跡調査した結果から得られたものです。この疫学調査は世界的にもっとも信頼されている調査の一つで、核施設で働く労働者や医療被曝による発ガンなど、放射線被曝に関連した疫学調査に関する論文では必ずといってよいほど引用、比較されています。

にもかかわらず、なぜか日本ではあまりよく知られていません。それどころか、日本の専門家からはしばしばないがしろにされている感があります。そのおもな理由は次のようなものです。

「原爆被爆者は短時間で全線量を浴びる高線量率被曝であり、環境放射能汚染や核施設労働者のように少しの放射線を長期にわたって浴びる低線量率被曝とは違う」

たしかに、同じ線量を浴びた場合、一度に浴びる高線量率被曝よりも長い時間をかけて浴びる低線量率被曝のほうがリスクは小さいという実験結果はあります。そこで、国際放射線防護委員会が提唱する「しきい値なし直線説」では、広島・長崎から得られたリスク推定に1／2をかけて、リスクを半分に見積もっているのです。しかも、広島・長崎の結果でも100ミリシーベルト以下でガンが増える証拠は示されているし、英国で行われた胎児被曝の疫学調査では10ミリシーベルトの被曝でも小児ガンが増えるという報告もあります。

ガンは遺伝子の変化によって引き起こされる病気です。したがって、遺伝子に損傷を与えるものはガンを引き起こす可能性があります。遺伝子の損傷は修復されますが、その傷が複雑で、直しにくい場合は間違えて直され、変異を起こす頻度が高くなります。

1ミリシーベルト程度の放射線がそうした複雑な損傷を引き起こすことは、2003年に証明されました。1ミリシーベルト程度の被曝がガンを増やすかどうかを疫学的に証明することは、ほとんど不可能です。しかし、ガンの原因となる遺伝子の損傷が1ミリシーベルトで起きれば、この線量でガンになる確率はゼロではないと考えられます。これは、疫学研究でわからないところを基礎的研究が補ったよい例です。

† †

1895年にドイツのヴィルヘルム・レントゲンがエックス線を発見してからすぐに、身体を透過するという性質ゆえに、医療に利用されるようになりました。人類はその人体に対する障害作用を知らなかったために、長い間無防備にエックス線を利用し、多くの医療従事者がガンや白血病で亡くなるという悲劇が生じました。こうした犠牲を通じて、人類は放射線の障害作用を自らの身体で学び、その被害を防ぐために被曝の制限値を設けてきました。

エックス線の線量限度は、放射線の障害作用が理解されるにつれて、徐々に引き下げられてきました。1956年には国際放射線防護委員会が一般公衆の年間被曝限度を5ミリシーベルトと決め、さらに、85年には1ミリシーベルトに引き下げられました。これは見方を変えれば、意図しなかった人体実験によって人びとが経験的に学んだ事実ということができます。すなわち放射線の人体に対する影響は、疫学研究、実験動物を使った実験も含めた膨大な量の基礎研究によって明らかにされてきたのです。これらの知見のうえに決められたのが、現在の防護基準だといってよいでしょう。

放射線の専門家であれば誰でも知っているはずのこれらの事実を無視して、「100ミリシーベルト以下ではガンが増えるという証拠はない」と言い張ることは、これまでの学問の積み重ねを否定することになるのではないでしょうか？　情報が一瞬にして飛び交う今、このような発言はすぐに世界的に知れ渡ります。もし「しきい値なし直線説」を否定するのであれば、定説をくつがえすに充分な証拠を示してからにしてほしいものです。

そして、私がとても不思議に思うのは、放射線の専門家といわれる方々の多くが、なぜ判で押したように「100ミリシーベルト以下ではガンが増えるという証拠はない」と、同じ台詞を繰り返されるのかということです。彼らは専門家であり、研究者でもあるわけですから、自分の言葉というものがあってよいと思います。

仮に、こう言うようにとどこからか指令がきているとすれば、それは大変なことです。でも、もしそうだとしても、今は第二次世界大戦中のように憲兵がいるわけではありません。そんなに簡単に指示に従わなくても、監獄に入れられるわけではないでしょう。それでは、なぜ？　なぜ、彼らは暗黙の了解のうちに（と私には思えます）、同じ台詞を繰り返すのでしょうか？

提言／08

地域分散型の自然エネルギー革命

飯田《いいだ》哲也《てつなり》
環境エネルギー政策研究所長

1959年、山口県生まれ。京都大学原子核工学科卒業、東京大学博士課程単位取得満期退学。神戸製鋼、電力中央研究所勤務後、1992年からスウェーデンに滞在して環境エネルギー革命を体験。1998年から日本で、自然エネルギー推進の活動や政策提言を行う。NPO法人環境エネルギー政策研究所所長。著書に、『北欧のエネルギーデモクラシー』（新評論、2000年）、『今こそ、エネルギーシフト――原発と自然エネルギーと私達の暮らし』（共著、岩波ブックレット、2011年）、『原発社会からの離脱――自然エネルギーと共同体自治に向けて』（共著、講談社現代新書、2011年）など。

1　日本版ジャスミン革命

東日本大震災と原発事故が起きた3月11日は、ドイツで開かれていたＩＲＥＮＡ（国際再生可能エネルギー機関）の戦略ミーティングの最中でした。ドイツのクラウス・テプファー元環境大臣が会議のホスト役です。日本からは、政治家でも官僚でもなく、ＮＰＯの私が指名されて参加しました。このこと自体が新しい時代の幕開けを物語っていると思います。

私は会議場にいましたが、もう会議どころではありません。インターネットやTwitterで情報収集を続けていました。なかなか情報が取れないなか、有力な情報源となったのが、日本の中学生がiPhone4でテレビ画面を映し、UStreamで中継してくれた、ＮＨＫの映像です。今回の地震では、TwitterとUStreamが情報収集に大きな役割を果たしました。いわば日本版ジャスミン革命だった、と言ってもよいでしょう。

首都圏が壊滅するのかどうか、収集した情報をもとに慎重に検討しました。その結論は、「首都圏壊滅はないだろう。ただし、放射能汚染の危険性が高いので警戒しなくてはならない」というものです。

あわせて、戦略ペーパーの作成に取り組んでいきます。原発事故が起きた直後、電力不足になると見込んだ東京電力が緊急に「計画停電」の実施を発表したので、そんなことをしなくても電気は足りることを実証しようと考えたからです。２００３年に、東京電力管内の原発がすべて止まるトラブルが起きたことがあります。そのときに作成したひな型をベースに、戦略ペーパーを急遽まとめ上げ、3月23日に最初のバージョンを公表しました。

相次いだ水素爆発や、おびただしい量の放射能放出が止まらない原発事故を目の当たりにして、ほとんどの人は「もう原発はゴメンだ」と感じていると思います。同時に、電気が足りないという理由で始まった計画停電を経験して、電気のない暮らしの不便さが身に染みるとともに、「やっぱり原発がないとダメなのか」と、閉塞した気持ちにもなっているでしょう。

表1　東京電力管内の当面の電力需給

	4月時点	8月末
最大電力	3700～4000万kW	5500万kW
供給力	4600万kW	6047万kW （揚水抜き：5014万kW）
供給不足分	解消	解消

（注）4月時点は環境エネルギー政策研究所の推計。8月末は東京電力公表値。供給力には揚水発電を約1000万kW含む。

当面の電気不足は解消できました。ただし、需要が増える夏には、また不足が予想されています（表1）。でも、安心してください。この夏も、そしてこの先も、原発なしでも、私たちの暮らしも経済も問題なくやっていけます。

2　「節電発電所」の威力

この夏を、不便な計画停電なしでどう乗り切るか。その秘策が、原発でも石炭火力でもない、もうひとつの発電所である「節電発電所」です。

ここでは、節電を単なる省エネや節約としてではなく、需要側にある仮想的な発電所として捉えます。電気が足りないときにもっと発電するのも発電所ですが、需要側が節電するのも発電所と考えるわけです。その際の切り札となる電気事業法第27条を紹介しましょう。

「経済産業大臣は、電気の需給の調整を行わなければ電気の供給の不足が国民経済及び国民生活に悪影響を及ぼし、公共の利益を阻害するおそれがあると認められるときは、その事態を克服するため必要な限度において、政令で定めるところにより、使用電力量の限度、使用最大電力の限度、用途若しくは使用を停止すべき日時を定めて、一般電気事業者、特定電気事業者若しくは特定規模電気事業者の供給する電気の使用を制限し、又は受電電力の容量の限度を定めて、一般電気事業者、特定電気事業者若しくは特定規模電気事業者からの受電を制限することができる」

これは、1973年の石油ショックのときに新設されたもので、政府は電力使用の制限を出すことができます。この第27条を発動して、東京電力のユーザーに節電命令を出すというのが、私たちの提案です。

東京電力管内のピーク時の最大需要は約6000万kWです。この節電発電所というアイデアによって、やり方しだいでは1000万kW以上の効果が見込めるので、この夏はまったく問題なく乗り切れます。それどころか、東京電力でこの夏に2基動いている原発を止めても問題ありません。節電発電所の中身を見てみましょう。

東京電力管内には、大きな工場や事業所などの大口需要家（契約電力で2000kW以上）が3000件あり、およそ全体の3分の1、最大2000万kWの電力を使っています。ここは個別の工場ごとにきめ細かく対応してもらうことが可能です。節電工事や休日分散などの工夫で、全体として25％、約500万kWの節電発電所が期待できます。

もう少し小さな事業所（契約電力で50～2000kW）は約8万件で、使用電力は約1300万kWです。これらは、個別の対応によって節電契約に応じられる事業所を除いては、昼間の電力ピーク時に節電を促すための「ピーク電気料金」を上乗せすれば、全体として25％・約300万kWの節電発電所が期待できると思います。

そして、みなさんの家庭で使う約2700万kWの電力は、節電と節約の一石二鳥を狙って、契約電力（アンペア数）を一律2割引き下げるのです。これで、何と200万kWの節電発電所が期待できます。一見むずかしいようですが、意外と簡単です。「電気ノコギリでバターを切る」と表現されるほど無駄な電気暖房機や電気温水器（ヒーター型）などの集中使用を避ければ、問題ありません。そして、今後は、オール電化住宅やそれに関する無駄な機器は販売禁止にすべきでしょう。

これで、最大1000万kWの節電発電所が生まれました。東京電力が予測する不足分に比べて十分に余裕があります。病院や鉄道などの社会の営みに不可欠な施設、どうしても電気を減らせない工場などを優先しても、何ら問題ありません。計画停電では、鉄道や病院などの公共インフラにも影響が出るなど、社会に混乱と不安を生みました。しかし、最低限の利便性まで犠牲にしなくとも、節電は十分にできます。

3　原発の「新しい現実」を知る

この夏を乗り切ることができたら、この先もずっと原発がなくても大丈夫です。みなさんは「日本の電気の3割は原発で、原発がなくなると電力不足になる」と漠然と思っていませんか。それは、原発震災前の「古い固定観念」です。

日本の原発は、これから急速に減るという「新しい現実」に直面しています。震災前には原発の発電量は54基で約5000万kW、日本の電力量のおよそ3割でした。震災後には福島第一や第二、宮城県の女川原発などが停止し、2割強にまで急減しました。

しかも、日本の原発の多くが老朽化しており、人間で言えば後期高齢者に突入しています。事故を起こした福島第一原発は、ちょうど寿命の40年です。今後、各地の原発が次々に寿命を迎えます。その一方で、地元の同意を得られる見通しが立たないため、今後、新しい原発はいっさい建設できませんし、してはなりません。

そうすると、10年後の発電量は1700万kWになります(図1)。稼働率を70%とすると、日本の電力量の1割にまで自然減するのです。最大に活用して1割ということは、原子力発電所がもはや基幹電源ではなくなることを意味しています。そして、2050年ごろにはすべての原発が

図1　日本の原子力発電所の行方（震災前後）

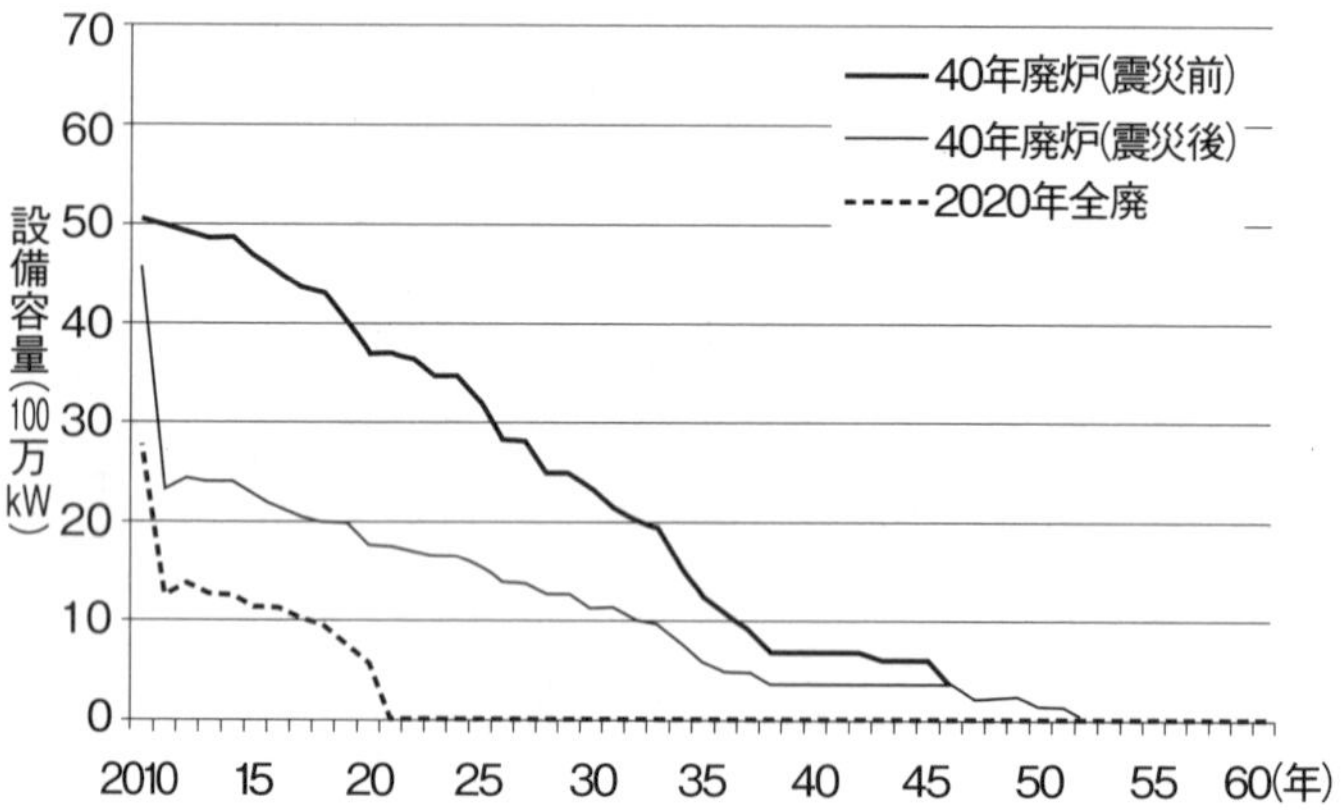

（注）震災後、福島第1および第2，女川、東通、東海、浜岡はすべて停止を想定。柏崎刈羽、島根も段階的に停止を想定している。
（出典）環境エネルギー政策研究所の推計による。

廃炉になり、発電量もゼロになるはずです。国民が選択すれば、全廃も十分に可能なのです。いずれにせよ、10年後に原子力発電が電力に占める比率は、0～10％でしょう。これが、3・11後の日本の新しい現実です。それを前提に、より望ましい未来に向けてじっくりと備えていくしかありません。具体的には、どうしたらよいのでしょうか。

菅直人首相が中部電力浜岡原発停止を要請したことは、高く評価します。ただし、留保事項があります。ひとつは遅すぎたこと。ドイツのメルケル首相が7基の古い原発停止を決めたのは福島原発事故から4日目でしたが、日本では2カ月後でした。もうひとつは、「要請」だったこと。原発を止める決断を中部電力に任せたわけですが、停止命令を出して国の責任で止めるべきでした。3つめは、浜岡原発以外の原発を止めないと言ったこと。これは大失態で、政府が無原則であることが露呈されてしまいました。

福島原発事故が起きたいま、どのような状況なのでしょうか。なんと言っても、原発の安全基準が、まるで底抜けで、節穴だったということです。それどころか、その基準を守る人も体制すら、まったく無効状態になっています。さらに、このような事故が起きたときの損害を賠償する仕組みとして用意してあった原子力損害賠償責任保険の賠償措置額は、わずかに原子炉1基あたり1200億円しかありませんでした。その1200億円さえ、天災の場合は免責されてしまいます。つまり、自動車にたとえれば、無車検かつ無保険で、しかも車検を出していた陸運局もニセモノだったというようなものです。

こういう認識に立つと、論理的に、ただちに3つの結論が導かれます。

第一に、建設中も含め、新しい原発はただちに凍結する。安全基準も基準体制も損害賠償の枠組みもないのに、原発を動かすことは考えられません。

第二に、青森県六ケ所村の核燃料再処理工場と高速増殖炉もんじゅを凍結します。

第三に、既存の原発をどうするか、原則を決める必要があります。無車検・無保険運行というもっとも厳しい立場に立てば、既存の原発もただちに運転停止です。それは極論だという声が多いのであれば、体制をつくり直して安全基準をつくり直す。本来的には、京都大学の小出裕章さんや原子力資料情報室の西尾漠さん・後藤政志さんらを委員にして、抜本的に体制を組み替えて基準づくりをするわけですが、これは何年もかかる仕事です。

したがって、暫定基準をつくるしかないだろうと思います。老朽化している原発、地震のダメージを受けている原発、過去に何度も事故を起こしている原発を止める。自治体の首長が住民に説明できるような暫定基準をつくって、運転か廃炉か決めていく必要があると思っています。

4 「第四の革命」が始まった

原発以外に、もう2つ考えなければならないことがあります。ひとつは、石炭や石油などの化石燃料のコストが高騰して、私たちの暮らしや経済を直撃する恐れ。もうひとつは、人類が直面する最大の環境リスクである地球温暖化問題への対応。この両方の問題に対して、節電発電所はもっとも効果的です。しかも、10年という期間があれば、これからのエネルギーの本命である自然エネルギーを飛躍的に増やすことができます。

たとえば、ドイツはこれまでの10年間で、自然エネルギーを約10ポイント(6％→17％)増やしました。今後の10年間では、20ポイント以上(17％→40％)増やす目標です。また、スコットランドは、今後の10年間で60ポイント(40％→100％)も増やすと言っています。これは、自然エネ

図２　原発を全廃し、脱温暖化・脱化石燃料もめざす

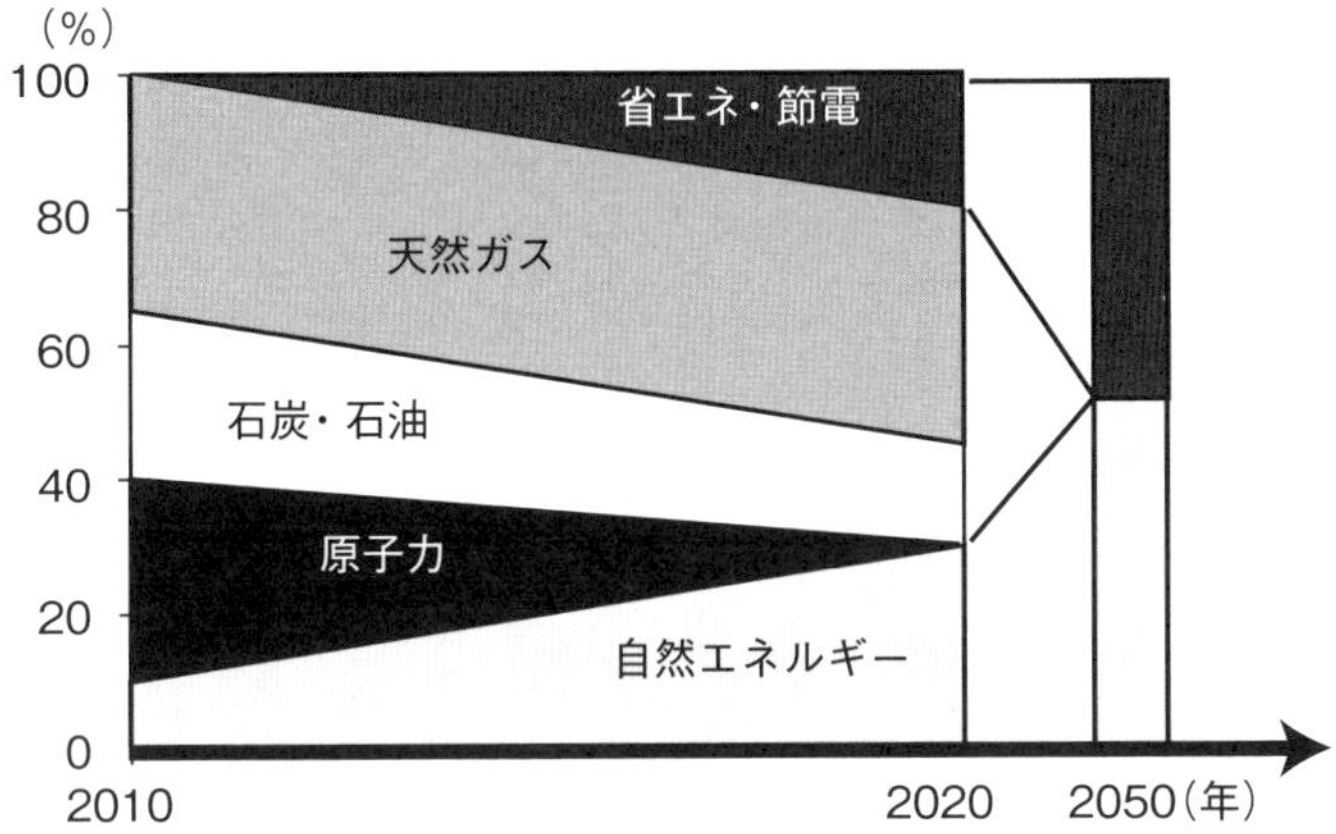

ルギーが小規模分散型技術であることによるメリットです。

パソコンや液晶テレビ、携帯電話などの小規模分散型技術は、普及すればするほど性能が上がり、コストが下がっていきます。風力発電が飛躍的に普及している国々では、すでに火力発電と競合するコストに下がりました。太陽光発電も年率10％もの勢いでコストが下がりつつあり、イタリアのように電気料金より安くなった国も出現しています。

では、放射能も温暖化の不安もない未来は、どのようなビジョンでしょうか。２０２０年までに原発をなくしながら、節電発電所で20％、自然エネルギーで30％をまかなう。そして、２０５０年までには化石燃料も全廃し、節電発電所で50％、自然エネルギーで50％をめざす、というのが私の提案です（図２）。

こうした目標を立てて、全力で取り組めば、必ず実現

できるでしょう。それどころか、自然エネルギーは、農業革命・産業革命・情報通信（ＩＴ）革命に続く「第四の革命」と呼ばれるほど、世界全体で急激な成長をとげつつあります。

風力発電の設備容量は２０１０年に、世界全体で１億９３００万kW。09年１年間で新たに３８００万kW、設備容量で原発38基分が完成しました。この増加率のままで推移すれば、あと５年で世界の原発の設備容量を追い越します。太陽光発電の設備容量は２０１０年に、世界全体で４３００万kW。この１年間で１６００万kW、設備容量で原発16基分が増設されました。これに、バイオマス発電の設備容量の１億４０００万kWを加えると、水力発電を除く風力・太陽光・バイオマスの自然エネルギー新御三家の設備容量の合計は２０１０年に約３億８０００万kW。ついに、原子力発電の設備容量の合計３億７０００万kWを超えました。

自然エネルギーに対する投融資は10年前にはわずか１兆円に満たない額でしたが、２０１０年には22兆円。この10年で20倍以上に増えています。そして、10年後には現在の10倍近くの２００兆円を越えるという予想です。世界全体のＧＤＰは現在６０００兆円ですから、２０３０年にはその１割に匹敵する巨大産業群が、まったく新しいグリーンエコノミーとして立ち上がるでしょう。

にもかかわらず、日本だけが世界の流れに背を向けて、原発推進へと暴走していたのです。

5　地域と民主主義の再生

節電発電所も自然エネルギーも、地域にさまざまな雇用や経済を生み出します。同時に、地域から流出していたエネルギーコストが、地域内で循環するようになります。

たとえば秋田県の光熱費は、40万世帯で1世帯あたり年間25万円、トータルで１０００億円です。そのほとんどは県外、さらには海外に流出しています。化石燃料の輸入額は２００８年のデータで何と23兆円ですから、ＧＤＰの約５％を燃料の輸入に使っている計算です。ふだん何気なく使っている電気やガス、灯油の費用が、秋田県1県だけで１０００億円にものぼり、そっくり海外に流出している。秋田県産のあきたこまちの年間売上げがちょうど１０００億円ですから、あきたこまちの売上げすべてが県外、そして海外に流出している計算です。

秋田県ではいま、１０００基の風車をつくって発電する構想があります。風車を１０００基つくると、売電の売上げは約１０００億円です。このお金は海外には流出せず、地元に還流して起業や雇用につながる。だから、地域分散型のエネルギーを広げていくことは、地域の再生になります。

風車が増えると当然ながら、鳥や低周波騒音や景観の問題で、反対運動が起きる。エネルギーが小規模分散型になると、地域社会とのぶつかり合いが避けられません。しかし、人類文明を数千年、数万年にわたって持続させようとするのであれば、再生可能な自然エネルギーと資源を再生可能な範囲で使う文明に変わるしかないのです。

自然エネルギーは地域のものであるという意識を地域住民がもたないと、この問題は解決できません。つまり、地域社会がオーナーシップをもって意思決定に関わり、生まれた便益は地域社会に還元されるという基本構図が必要です。地域のすべての人が参加し、エネルギーを生み出し、使うという、開かれた新しい民主主義が求められていると思います。

２０１１年3月11日は、日本にとって明治維新、太平洋戦争敗戦に次ぐ、歴史的な「第三のリセット」の日になるでしょうし、そうしなければなりません。

もはや、古い体制には戻れないし、戻ってはいけない。大震災による数多くの犠牲はもとより、福島原発事故という「人災」が私たちに与えたとてつもない恐怖や、地域を追われた人びとの苦難を捨て石にせず、未来の力にしていかなければなりません。悲惨極まりない原発震災を、将来世代への負債ではなく遺産とするために、いまこそ、地域分散型の自然エネルギー革命を立ち上げるときではないでしょうか。

提言／09

電気消費量は大幅に減らせる

田《た》中《なか》優《ゆう》

環境活動家

1957年、東京都生まれ。地域での脱原発やリサイクルの運動を出発点に、環境、経済、平和などの、さまざまなNGO活動に関わる。未来バンク事業組合理事長、天然住宅共同代表。著書に、『原発に頼らない社会へ』(ランダムハウスジャパン、2011年)、『地宝論』(子どもの未来社、2011年)、『おカネが変われば世界が変わる』(編著、コモンズ、2008年)など。

1　自然エネルギー推進の前にやるべきこと

原発問題、言いかえれば電力問題をどう解決していったらいいのか。さまざまな社会問題について、私たちにできることには3つの方向があります(図1)。

まず、ひとつが縦。自分自身が政治家になったり、議員に直接相談するなりして、社会を下から上や上から下に変えていこうとする、縦方向の動きです。もうひとつが横。身近な人に話したり、多くの人たちに伝えていき、新たなムーブメントを起こしていこうという方向です。従来型の運動は、この縦と横だけやって、うまくいかないとあきらめてきた。

しかし、実はもうひとつ方向があります。それが、斜めの方向です。まったく別な仕組みを考えて、新しい方法でやってみせる。新しい方法を提案していく。英語で言うならばオルタナティブ、日本語で言えば第三の道です。残念ながら、日本ではこの斜めの方向が弱かったのですが、これはとても大事な方向だと思います。より正確に言えば、縦、横、斜めを同じぐらいずつやることが大事です。

電力問題を解決していくのに、この斜めの方向で何ができるでしょうか。

従来の考え方は、原発などの枯渇性エネルギーから自然エネルギーへのシフトです(図2)。市民運動を行う人たちは、自然エネルギーに変えればいいと言う。ところが、この論議はすでに罠にはまっています。

原発をやめようと言うと、原発推進側はすぐに聞きますね。「原発がなくなったら、何の電源に頼るつもりなんですか?」売り言葉に買い言葉のように、みんなすぐそこで「自然エネルギーです」と言った途端に、原発推進側からは突っ込みどこ

図1　運動の3つの方向性

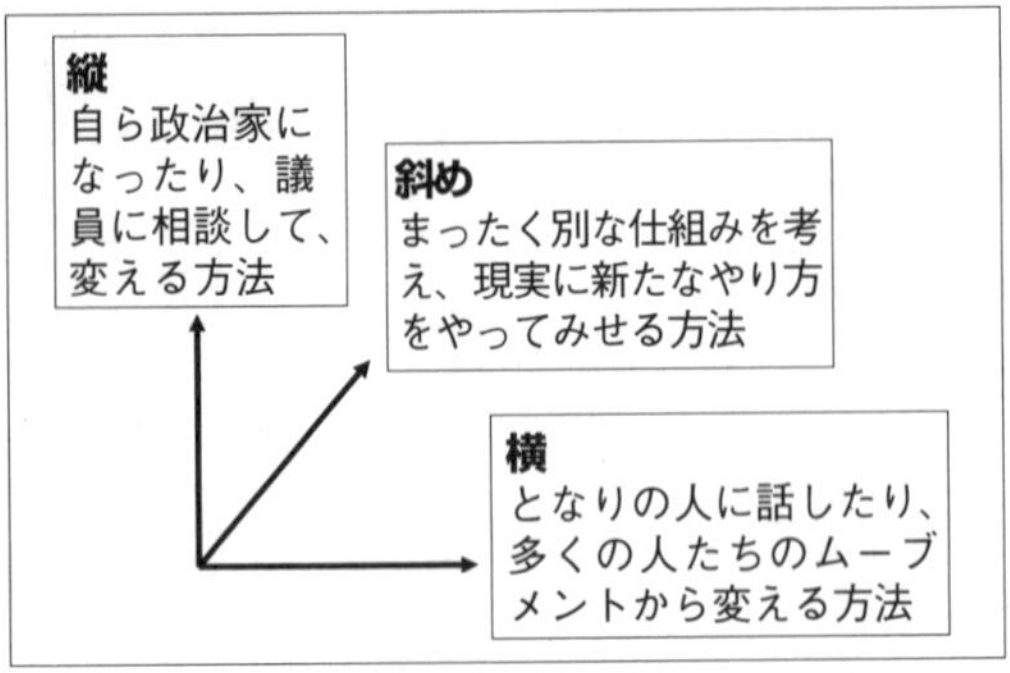

ろ満載になる。

「風が吹かないときに風車はどうなるんですか？　不安定な電源で本当に役に立つのですか？　小さな電気を集めて大きな電力にすることができるのですか？」

従来の議論の立て方では、自然エネルギーの欠点について議論せざるを得なくなります。

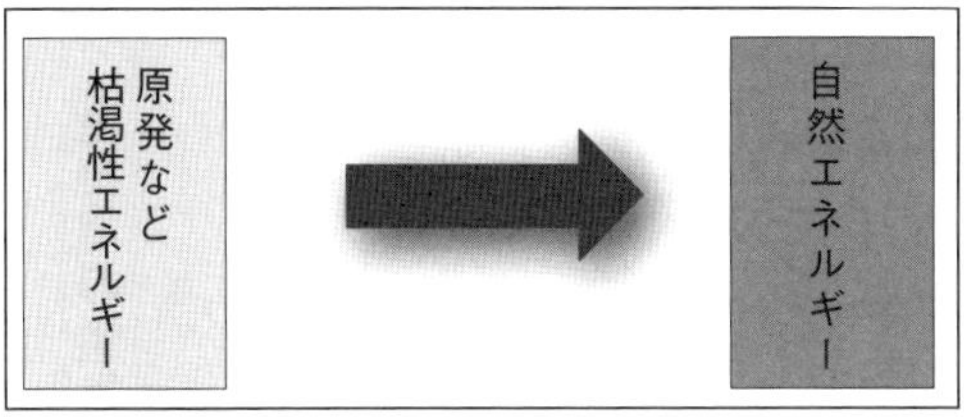

図２　従来の考え方

図３　今後の考え方

「原発がなくなったら、何の電源に頼るつもりなんですか？」という問いには、こう答えるべきです。

「まず、節電型の電気料金制度に変えることです。それによって電気消費量を半分ぐらいまで減らします。その後でエネルギー源を自然エネルギーに徐々にシフトさせていくのが正しい方法です」（図３）と。

実際には、節電はコストをかけずに、簡単にできます。節電型電気料金制度を導入すれば、問題は解決できる。にもかかわらず、つい「自然エネルギーでやればいい」と言ってしまうところに、従来型運動の考え方の弱さがあるとぼくは思います。

2　産業用の電気料金体系を変える

では、どんな制度をつくればいいのかを説明しましょう。

電気には、大きな欠点があります。電気は貯めることができません。いま使っている電気は、いま発電した電気です。

図4に、もっとも電気消費量の多かった日の需要推移を示しました。電気は貯められないので、このピークの消費量を満たすように、発電所をつくらなければなりません。実際には、さらに10%弱の予備を見込んでいます。

しかし、そのピークの時間帯がどのくらいあるのかと調べてみると、1年間8760時間のうちたった10時間程度です。わずか0・1%にすぎません。その0・1%のピークのために、これまで多くの発電所をつくってきました。

0・1%ということは、そのピークの消費量を減らすほうがはるかに合理的で、安上がりです。なぜ、電力会社はそれをやらないのか。それは、電力会社は実際に必要となった費用に「適正報酬」という名のもとに3%上乗せして、電気料金を取ることができる仕組みになっているからです。これを総括原価方式と言います。仮に300億円儲けたいと考えれば、必要になる費用を1兆円

図４　電気消費量の多かった日の需要推移

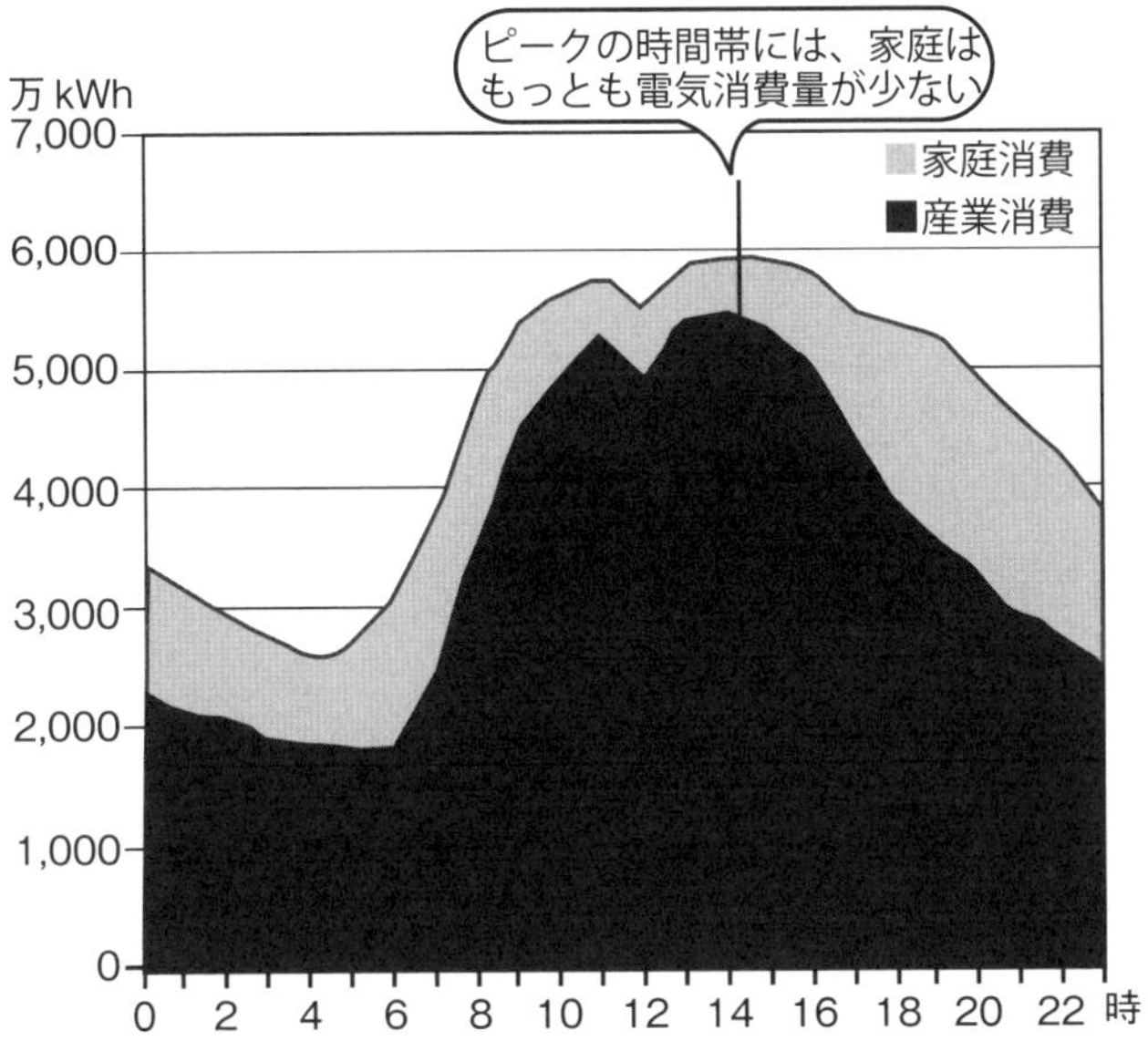

にすればいいわけです。つまり、ムダなものをつくればつくるほど利益が大きくなるので、需要を落とそうとはしません。

ただし、電気消費量のピークは２００１年夏の１億８３００万kWhでした。それ以後は毎年、需要は下がり続けています。２００９年は１億５９００万kWhで、01年と比べればマイナス13％。したがって、新規発電所が必要だと電力会社が言うのは、基本的にウソです。全国10の電力会社のどこでも、ピークは減りつつあります。電気需要は減っているのであり、増えてはいないのです。

一方で、電力会社は私たちにいつも言います。

「みなさんのライフスタイルが問題な

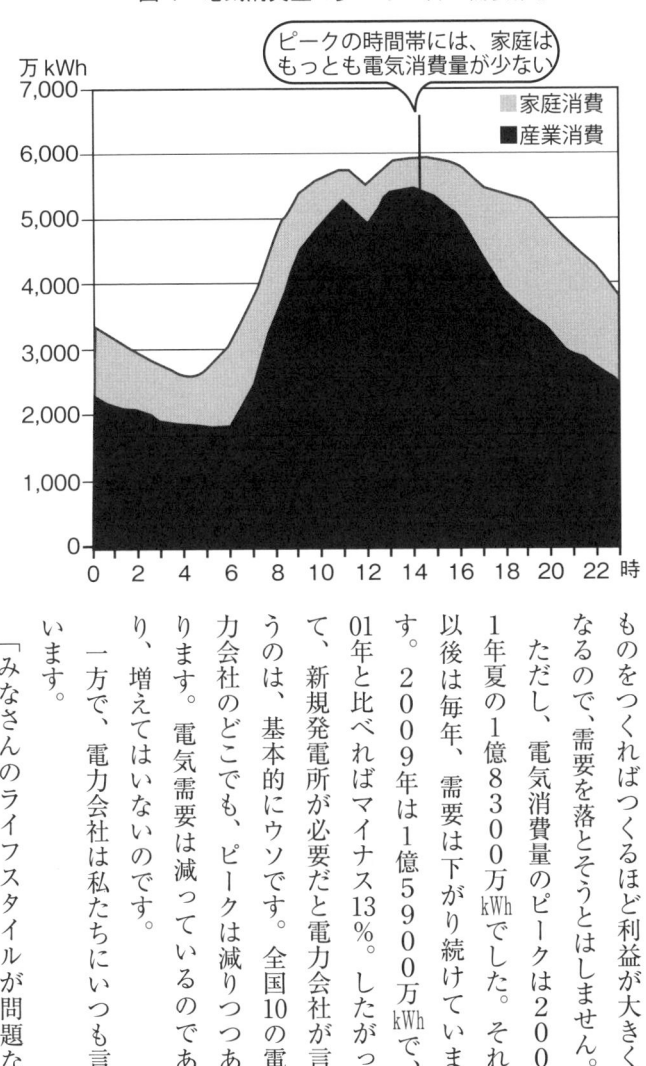

んです。みなさんが電気消費を減らしてくだされば、解決できます」

これ真っ赤なウソです。図4を見てください。この図では灰色部分が家庭の電気消費量、黒い部分が家庭以外（産業）の電気消費量です。日本の電気消費量の4分の3は企業で、家庭は4分の1以下にすぎません。しかも、ピーク時点である平日の午後2時から3時の部分を見ると、灰色部分は非常に少なく、わずか9％程度。91％は産業（企業）部門が消費しています。

ですから、でんこちゃん（東京電力のマスコットキャラクター）に「電気を大切にね」って言われるのは、実は正しくない。でんこちゃんは作業服を着て、事業者に向かって「電気を大切にね」って言うべきなんですね。ところが、いつも私たちのライフスタイルに論理を転嫁してしまう。そのために、あたかも私たちが悪いかのように思い込むわけです。

だいたい、ライフスタイルの話って美しいですね。「私たちがもっと節電して暮らせばいいのね」って言うと美しいから、みんなそっち側に行っちゃうんですが、美しい言葉で語るのは止めてほしい。美しい言葉は何の役にも立たない。現実を見てください。

現実は、ピーク時点の消費量の91％は企業です。そして、企業がなぜピーク時点に平気で消費するかも、電気料金から説明できます。家庭の電気料金は、使うにつれて高くなるように設定されている。だから、電気消費を増やすと家計が苦しくなります。でも、事業者の電気料金は基本料金が高い分、1kWhの値段は一定です。その結果、使えば使うほど値段が安くなっていく。

図5　家庭用と事業者用の電気料金の単価比較

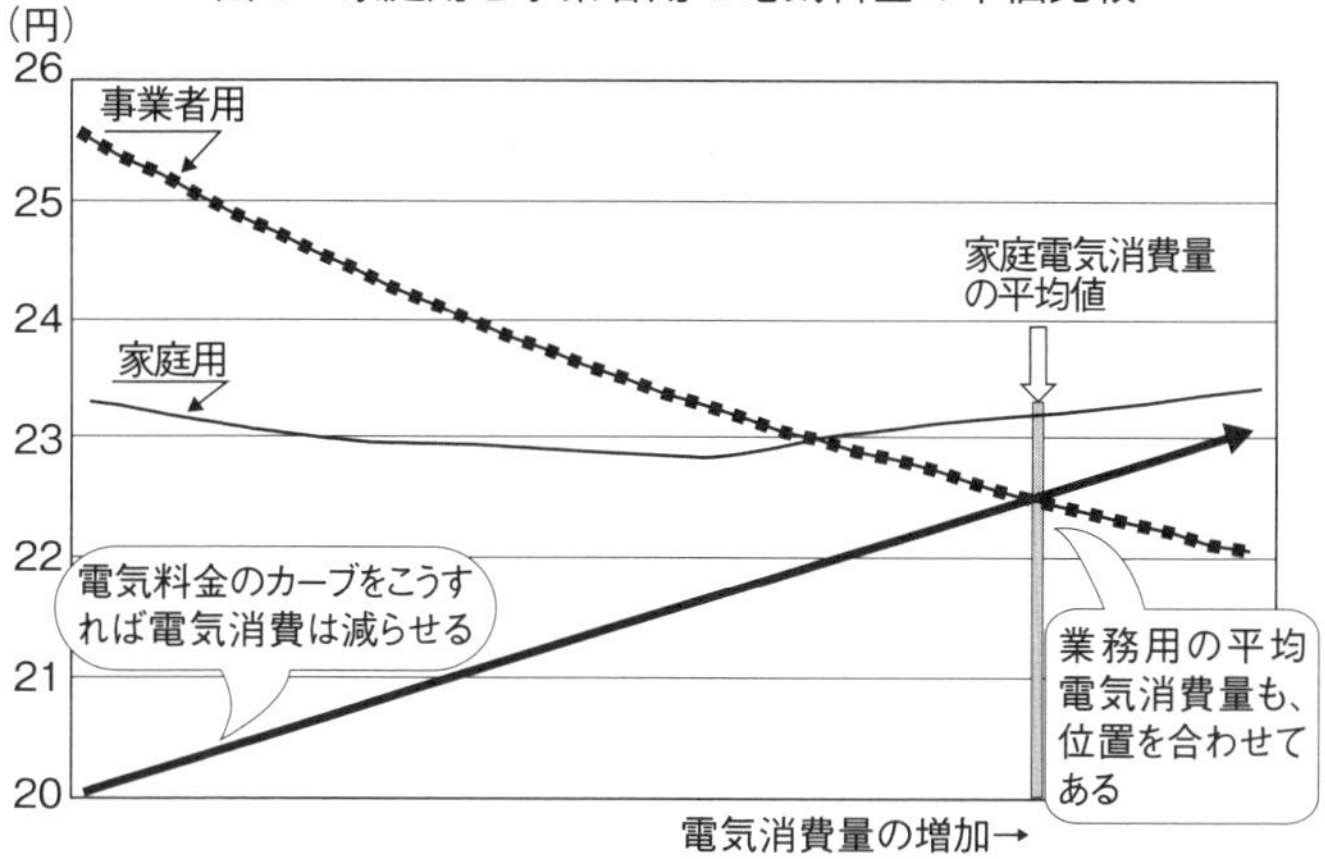

図5は、家庭の電気消費量の平均値に業務用の平均電気消費量を合わせたものです。おわかりのように、家庭の場合は平均値以上使うと単価が高くなりますね。ところが、事業者（高圧・特別高圧・業務用）の場合は平均値以上使ったほうが単価は安くなる。だから、製品一個あたりの電気料金を安くしたい場合、企業は消費量が多い7月と9月については、消費量を増やしたほうがよい。使えば使うほど安くなる電気料金体系なので、平気で多く使うんです。事業者が一生懸命に消費を増やすため、ピークが伸びていきます。

ですから、これはライフスタイルの問題なんかじゃありません。仕組みの問題です。仕組みの問題は、仕組みで解決すればいい。簡単です。

産業用の電気料金体系を家庭用と同じように、使えば使うほど高くなるように変えればいい。これだけで、簡単に解決できます。企業の消費は最低でも3割減らせる。なぜこう断言できるかというと、企業は現在3年で元が取れる省エネ製品を導入していないからです。

ぼくは中部地方のある企業に省エネ相談を受け、いろいろ説明した経験があります。ところが、実現しませんでした。その担当者が上司に提言したところ、電気料金は使えば使うほど安くなるのだから、わざわざ余分なイニシャルコスト（初期費用）をかける必要はないだろうと言われたそうです。

ところで、各地で講演すると、よくスポットライトを浴びます。あれは、めちゃくちゃ熱いんですよ。なぜ熱いかというと、光になるべきなのに、熱になっているからです。これをLED（Light Emitting Diode）のランプ（発光ダイオード）に替えると、熱くない。しかも、電気消費量は10分の1～20分の1に下がるし、長持ちする。

それなのに、なぜ古い、暑苦しいスポットライトをいまだに使っているのか。講演会を行うような広い建物は事業系の電気料金が適用されていて、使えば使うほど安くなるからです。だから、LEDを買うイニシャルコストを気にして、省エネが進んでいかない。電気消費量を減らせば得になる料金体系にしたら、企業はたちどころに3割は省エネします。おそらく半分以下に下がるんじゃないかと、ぼくは思う。なぜなら、そのほうが得になるからです。

このように簡単に解決できることをやらないことに問題がある。みなさんが室内の電気を消し

図6　東京電力のピーク需要の特徴(2003年夏)

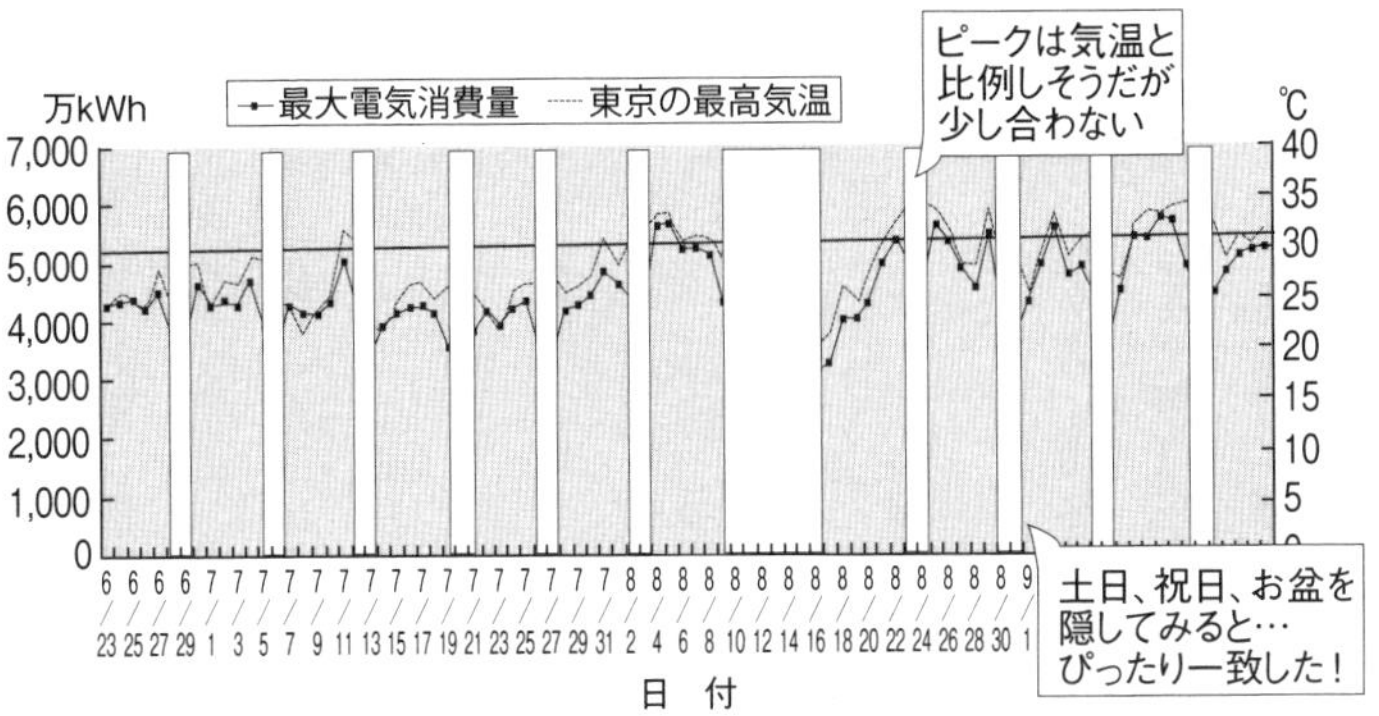

てまわったりするのは、悪いことではない。だけど、それで解決できるなんて思わないでほしい。仕組みの問題、事業者の問題だということを、きちんと理解してください。

現実のデータを示してみましょう。2003年夏（6月後半〜9月上旬）の東京電力のデータで、点線は東京の最高気温、実線は最大電気消費量です（図6）。だいたい一致しているように見えますね。ただし、気温が上がっているのにピークは逆に下がっているところがあります。今度は、土曜日、日曜日、お盆を隠してみましょう。すると、みごとに一致します。そして、5000万kWhの少し上に線を入れてみましょう。この線から上が電気消費量のピークになります。

この結果から、世界最大の電力会社であり、日本の3分の1の電力を供給する東京電力の電気消費量のピークには、明らかな法則を読み取ることができました。それは、夏の平日、午後2時から3時にかけて、気温が31度を超えたときに限られているのです。

　ということは、対策は簡単ですね。夏の平日、午後2時から3時にかけて、気温が31度を超えた日に、企業の電気料金を高くすればいい。それだけで解決できます。

　ぼくは東京電力の企画部でこれをプレゼンテーションしたことがあります。最初いやな顔をして聞いていましたが、途中から必死にメモを取り始め、最後には「この資料をほしい」と言われたので、ぼくは「いいですよ」とあげてきた。すると、東京電力はさっそく対策を取ってくれたのです。それ以降、二度とこのデータを出さなくなった！　さすが東京電力っていう感じですね。

　2003年の夏は、なぜこのデータを出したのか。それは、前年8月に福島第一・福島第二・柏崎刈羽の3つの原発で点検記録の改ざんや虚偽報告など（いわゆる「トラブル隠し」）が発覚し、すべての原発が止まっていたからです。そのため停電が起きる可能性があり、このデータ――電気予報といいます――を毎日ホームページに載せていた。ぼくはそれをダウンロードして、この図をつくりました。

　ちなみに、事故隠しは内部告発でわかったのですが、その告発者の名前を経済産業省原子力安全・保安院はなんと東京電力に教え、告発者は職を失いました。本当に、めちゃくちゃなことしかやらない人たちです。また、この夏に停電は起きませんでした。原発が一基も動いていなくても、問題はなかったのです。

3　発電所の稼働率を上げれば原発はいらない

図4に示したように、電気使用量は昼夜の差が大きくあります。とくに日本の場合、この差が激しい。そのピークに合わせて発電所をつくるので、平均値を取ってみると、日本の発電所は60％程度しか動いていません。ぼくもできれば発電所のように働きたいと思います、年の半分近くもお休みできますからね。ところが、ドイツや北欧を調べてみると、70％以上動いている。何が違うのか？

それは実に簡単な理屈で、上下の激しい差をなだらかに変えるだけです。省エネしたわけではない。ピークを下げて、なだらかに変えれば、発電所が少なくてすむ。

日本がドイツ・北欧並みに70％以上動かせるように、電気使用量の昼夜や季節の差を少なくしたら、どの程度の発電所がいらなくなるでしょうか。なんと、日本の発電所はただちに4分の1、25％が止められるんです。原発の設備量の比率は２００９年で22％、現在は20％を割っています。ですから、原発は一基もなくても電気に困らない。

電力会社はいつも、「原子力がなくなったらどうするのですか。停電しますよ」と脅かしてくるわけですが、これはペテンであることが、おわかりいただけるでしょう。そして、使用量の差を少なくするのは簡単です。

4　ピーク時の電気使用量を減らす工夫

フランスでは、夏の平日の昼の電気料金がそれ以外のときより11倍も高くなる。だから、なるべくこの時間帯は電気を使わないようにします。また、イギリスやアメリカのカリフォルニア州では、株式市場で各時間帯の電気料金を売り買いする仕組みを設けています。かつて、多くの企業が集中して同じ時間帯の電気を買ったために、価格が200倍も値上がりしたことがあります。すると、みんなが売るので、価格とピークが下がる。

アメリカでは、もっと合理的な仕組みもあります。電力会社に「電気料金を安くしてほしい」と頼むと、1本だった送電線を2本つないでくれます。新たに加えた1本はエアコン専用です。そして、電気消費量が増えていき、電気が足りなくなって停電しそうになると、電力会社がリモコンで、その送電線への送電を止めてしまう。ただし、5分だけですから、暑くはなりません。さすが合理主義の国アメリカですね。

これを12軒について行えば、1時間に該当する電力が節約できます。この方法は、アメリカではすでに500万世帯に導入されました。

では、5分間エアコンが消された場合、本当に暑くならないのか。ぼくの友人が鹿児島の営業中の喫茶店で、実際に試してみました。アメリカの電力会社より過激で、30分おきに5分消したのです。さて、どうなったか。お客さんも従業員も、誰ひとり気づきませんでした。30分に5分ですから、1時間に10分。つまり、6世帯とこうした契約を結べば、1時間分の電気消費量が節約できるということです。

その鹿児島の友人は、もっと賢い仕組みも導入しました。実は、エアコンの電源をひんぱんに切ると、壊れることがある。そこで彼は、「冷房」になっていたリモコンのスイッチを「送風」に切り替えて省エネを試みたのです。そして、5分経つとまた「冷房」ボタンを押します。徐々に冷たくなくなっていくけど、風が出ているし、5分経つと再び冷房がきくので、誰も気づかない。しかも、仮にこのリモコン操作で故障した場合にはメーカーの保証がつく。だから、心配はいりません。

この方法を今年の夏に導入すればいい。リモコンを使って、5分間だけ「冷房」を消して「送風」に変える。5分後には元に戻す。そういうリモコンをつくればいい。これで、計画停電の心配はなくなる。こうした取り組みをせずに、政府や企業の言い分にしたがって、「計画停電しましょう」なんてわれわれ市民が言う必要はありません。

こう考えてみると、電気消費量の削減は簡単で、コストもあまりかからない。省エネ製品を買うと損したように思えるけれど、最終的には電気料金で元を取れるから、得になりますね。

5　デマンドサイド・マネジメントの導入

使えば使うほど高くなる電気料金体系を企業にも導入し、ピーク時の消費を減らす。それだけで原発はいらなくなります。これは、実現可能な対策です。その工夫をせずに、一足飛びに自然エネルギーに切り替えればいいと言うから、罠にはまってしまう。まずは、電気消費量を減らす。それは簡単にできるということを、ぜひ覚えてほしいと思います。こうした取り組みや考え方をデマンドサイド・マネジメントと言います。

図7　サプライサイド・マネジメントからデマンドサイド・マネジメントへ

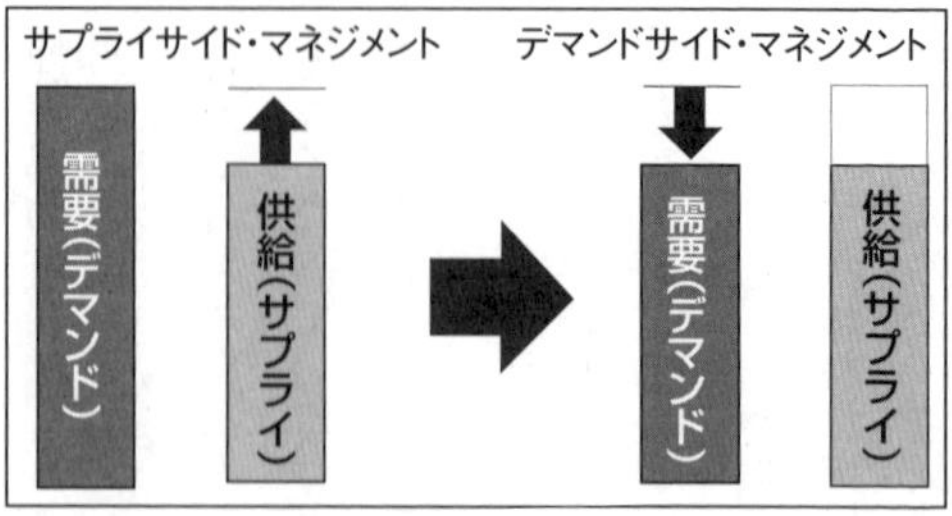

英語で、需要がデマンド、供給はサプライ。いままでの日本は図7の左側です。需要が伸びると、電気が足りるようにするために発電所を建設して、供給側を増やそうとしてきました。つまり、サプライサイド・マネジメントです。日本の場合、すでに話したとおり、使えば使うほど3％上乗せして得できるから、これをやり続けてきた。

だけど、もうひとつの方法がある。それが右側のデマンドサイド・マネジメントです。発電所の容量に合わせて需要をコントロールする。このほうがはるかに安上がりです。

アメリカのカリフォルニア州に、原発を全廃したスマッド(SMUD)という電力会社がありますす。ここは、消費者が冷蔵庫を省エネタイプに買い換えて領収書を持って行くと、約3万円くれるんです。また、白熱球ランプを蛍光灯ランプに替えたいと思って白熱球ランプを持って行くと、ただで蛍光灯ランプをくれます。

なんて気前のいい電力会社かと思うかもしれません。でも、よく考えてみてください。電力会社は需要が伸び、ピークの電力量が増えれば、新たに発電所を建設しなければなりません。仮に原発であれば、一基に最低5000億円はかかる。同じ5000億円であれば、原発を建てるよりも、ピークの電気量を減らすために支出するほうが、コストは安くなります。

日本の電力会社がデマンドサイド・マネジメントに切り替えていけば、発電所の増設なんて絶対にありえません。それどころか、日本の発電所はすでにつくりすぎですから、どんどん止めていくことができる。本格的に切り替えれば、おそらく数年で半分に減らせるでしょう。日本の電気消費量は、過大に膨れ上がった風船のようなものです。ライフスタイルについて論じるより前に、まず消費量を減らしましょう。それは十分に可能なのです。

提言／10

脱原発の経済学

大島堅一《おおしまけんいち》

立命館大学国際関係学部教授

1967年、福井県生まれ。1997年、一橋大学大学院経済学研究科博士課程単位取得。経済学博士。現在、立命館大学国際関係学部教授。著書に、『再生可能エネルギーの政治経済学――エネルギー政策のグリーン改革に向けて』（東洋経済新報社、2010年）、『アジア『環境白書 2010/11』（共編、東洋経済新報社、2010年）、地域発!ストップ温暖化ハンドブック――戦略的政策形成のすすめ』（共編、昭和堂、2007年）など。

1　「原発は安い」の落とし穴

「原子力発電のコストは、一kWhあたり5・3円」。経済産業省資源エネルギー庁が2004年に試算した、原子力発電にかかるコストだ。5・3円は、火力発電の5・7～10・7円や水力発電の11・9円に比べて安い（表1）。だが、果たしてこれは本当なのだろうか。電力会社やこれまで原子力発電を推進してきた機関・委員会から発表された情報をもとに、原子力には実際どれぐらいのコストがかかるのかを計算してみた。今回注目した費用は三つである。

表1　電源別発電原価の算定値比較

電気事業連合会の算定値		筆者の算定値（括弧内は財政支出を含まない値）	
電　源	価　格（円／kWh）	電　源	価　格（円／kWh）
原子力	5.3	原子力	10.68（8.64）
石炭火力	5.7		
LNG 火力	6.2	火力全体	9.90（9.80）
石油火力	10.7		
水力全体	—	水力全体	7.26（7.08）
水力	11.9	一般水力	3.98（3.88）
		揚水	53.14（51.87）
原子力＋揚水	—	原子力＋揚水	12.23（10.13）
計算に含まれている要素		計算に含まれている要素	
資産費（減価償却費、固定資産税、報酬、水利用費など）、燃料費、運転維持費、バックエンド費用		資産費（減価償却費、固定資産税、報酬、水利用費など）、燃料費、運転維持費、バックエンド費用、財政支出額（一般会計＋特別会計）	
（出典）総合資源エネルギー調査会電気事業分科会コスト等検討小委員会資料、2004年。		（出典）『有価証券報告書総覧』を基礎にした実績算定値（1970～2007年度平均）。	

第一は発電に直接要する費用。発電費、建設費、燃料費、メンテナンスの費用で、原子力や火力、水力など発電方法が異なっても必ず発生する。

第二は「バックエンド」の費用。核燃料を使った後に発生するもので、使用済み核燃料を再処理する費用、高レベル廃棄物や低レベル廃棄物などを処理する費用、そして廃炉費用だ。原子力固有のコストになる。

第三は国家財政からの資金投入。立地費用や開発費用というかたちで、一般会計や電源開発促進対策特別会計から投入されている。これらは、税金や電気料金でまかなわれているものである。国から資金がどのようにしてどこへ流れているのかを知らなければ、本来の意味での発電コストは明確にならない。

さらに、今回の東京電力福島第一原発事故でもわかるように、莫大な被害補償費用、事故現場のクリーンアップ・除染作業費用なども、原子力発電の費用として本来は計上しなければならない。ただし、ここではそうした事故費用は除き、さしあたって電気料金と財政資金から支出されているコストについて説明したい。

2　発電に直接要する費用――「揚水発電」と切り離せない原子力

まず、各電力会社の『有価証券報告書総覧』をもとに、発電に直接要してきた費用を比較する。これは資源エネルギー庁の「試算」とは異なり、電力会社が申告した資料に基づいた「実際にかかった費用」の比較である。原子力発電が商業運転を開始した1970～2007年度までを見ると、1kWhあたり原子力が8・64円、火力が9・80円、水力が7・08円となる（表1）。経済産業省の試算では水力が一番高いとされていたが、逆の結果となった。

水力発電には、一般水力発電と揚水発電がある。一般水力発電（ダムなど）だけを見ると3・88円で、さらに安い。揚水発電は、電力が余る時に、その電力を使って水をポンプで引き揚げ、電力が必要な時に水を落として発電する、特殊な発電方式である。常に発電しているわけではないので、結果として稼働率が低い。だから、発電量あたりの単価が高く、51・87円になる。原子力発電は出力を容易に調整できず、常にほぼ一定の発電をするための調整用に揚水発電が使用される。したがって、原子力発電が増えると揚水発電が増えるという傾向にある。

揚水発電のすべてが原子力とセットであるとは断定できないが、基本的に原子力の余剰発電を活用し、需要の変動に対応するための発電だから、揚水にかかる費用は原子力と一体と評価しうる。そこで原子力と揚水発電を合わせると、1kWhあたり10・13円になる。これが原子力の本当の費用と考えれば、もっとも高い。

3　追加で徴収される「バックエンド」費用

原子力発電は、再処理、返還高レベル放射性廃棄物処理、MOX燃料（ウラン、プルトニウム混合酸化物燃料）加工など、さまざまなバックエンド事業を伴う。これらは、商業運転開始当時にあらかじめ想定されていたわけではない。必要性が判明したときにその都度、少しずつ電気料金に追加されてきた。

電気事業連合会（電事連）の2004年の試算によると、すでに稼働している原子力発電に関わるバックエンド費用の総額は18兆8800億円の見込みである。なかでも、使用済み核燃料の再

表２　電気事業連合会によるバックエンド費用推計

再処理	11 兆円
返還高レベル放射性廃棄物管理	3000 億円
返還低レベル放射性廃棄物管理	5700 億円
高レベル放射性廃棄物輸送	1900 億円
高レベル放射性廃棄物処分	2 兆 5500 億円
TRU 廃棄物地層処分	8100 億円
使用済み核燃料輸送	9200 億円
使用済み核燃料中間貯蔵	1 兆 100 億円
MOX 燃料加工	1 兆 1900 億円
ウラン濃縮工場バックエンド	2400 億円
合　計	18 兆 8800 億円

（注）TRU 廃棄物（Trans-Uranium 廃棄物）は、再処理あるいは MOX 燃料加工過程で発生する低レベル放射線廃棄物。
（出典）総合資源エネルギー調査会電気事業分科会コスト等検討小委員会資料、2004 年

処理費用が非常に高く、11兆円となっている（表２）。ただし、このバックエンド費用の試算には、いくつかの問題がある。

まず、対象外となっているものがあることだ。そのなかで最大なのが、再処理のための費用である。この電事連の試算では、六ケ所再処理工場で使用済み燃料をすべて再処理することを前提としている。だが、実際には、同工場には半分しか再処理する能力がない。したがって、使用済み核燃料の残り半分を処理するための費用は計上されていないことになる。単純に考えれば、再処理費11兆円の２倍かかるわけだ。

また、こうした再処理を含むバックエンド事業の資源経済性についても疑問がつきまとう。少なくとも再処理とＭＯＸ燃料加工を合わせて12兆１９００億円かかるが、それで得られるＭＯＸ燃料は約４８００ｔＨＭ（重金属トン）。本来市場で得られるウラン燃料の価値に置きかえてみれ

ば、9000億円にしかならない。約12兆円かけて9000億円の価値しかないのである。核燃料サイクルを実現して資源枯渇問題に立ち向かうのが目的かもしれないが、何事も費用対効果を考えなければならない。これは明らかにコストが見合っていない。

ちなみに、この再処理費用には、私たちが電気代として1kWhあたり0・5〜0・6円程度払っている。1世帯1カ月あたりで、200〜250円の計算だ。しかし、そのようなことは電気料金の明細には書かれていない。

さらに問題なのが、費用推計の不確実性である。再処理事業が日本ほどの規模で実施された事例は他にない。高レベル放射性廃棄物やTRU廃棄物を管理・処分するための具体的な計画や処分場も、決まっていない。しかも、これらは人類が生存している間、管理し続けなければならない。現在の試算だけで済むのか、費用推計があまりに不確実なのである。本当のところいくらかかるのかは、誰にもわからない。

このように、バックエンド費用18兆8000億円という試算には多くの問題点がある。そして、このまま政策転換がなければ、とりわけ再処理費用が増えていくだろう。これは、明らかに原子力に伴う負の遺産である。発電が終わった後に費用がかかるのだから、現存世代は便益を受けるが、将来世代は経済的にも危険性についても一方的な負担を負うことになる。

4　国家からの資金投入——「税金」からとられるカラクリ

原子力には国家からも資金が投入されている。これには、大きく分けて一般会計と特別会計がある。ただし、電源別の内訳はわからないため、原子力にかかっている項目を振り分け、積み上げて計算した。

すると、一般会計のエネルギー対策費のほとんどが原子力に費やされていることがわかった。たとえば2007年度は、930億円のうち927億円が原子力に使用されている(図1)。1970～2007年度の合計を計算してみると、5兆2148億円のうち5兆576億円が原子力に充てられていた。一般会計のエネルギー対策費は原子力対策費と言っても過言ではない。

特別会計には、電源三法システムというものがある。電源開発のコストはまず、電源開発促進税として電気料金から徴収される。集められたお金は、電源別に技術開発などに使われるものと、発電所の周辺自治体に交付金として配られる立地対策費用に分かれる。ここが電源三法の重要なポイントだ。特別会計のうち、原子力にかけられる費用は全体の4割程度だが、立地対策費用も全体の4割以上になっている(図2)。そして、立地対策費用の7割が原子力だ。ということは、実質的に特別会計もほとんどが原子力対策と言うことができる。

図１　一般会計におけるエネルギー対策費の推移

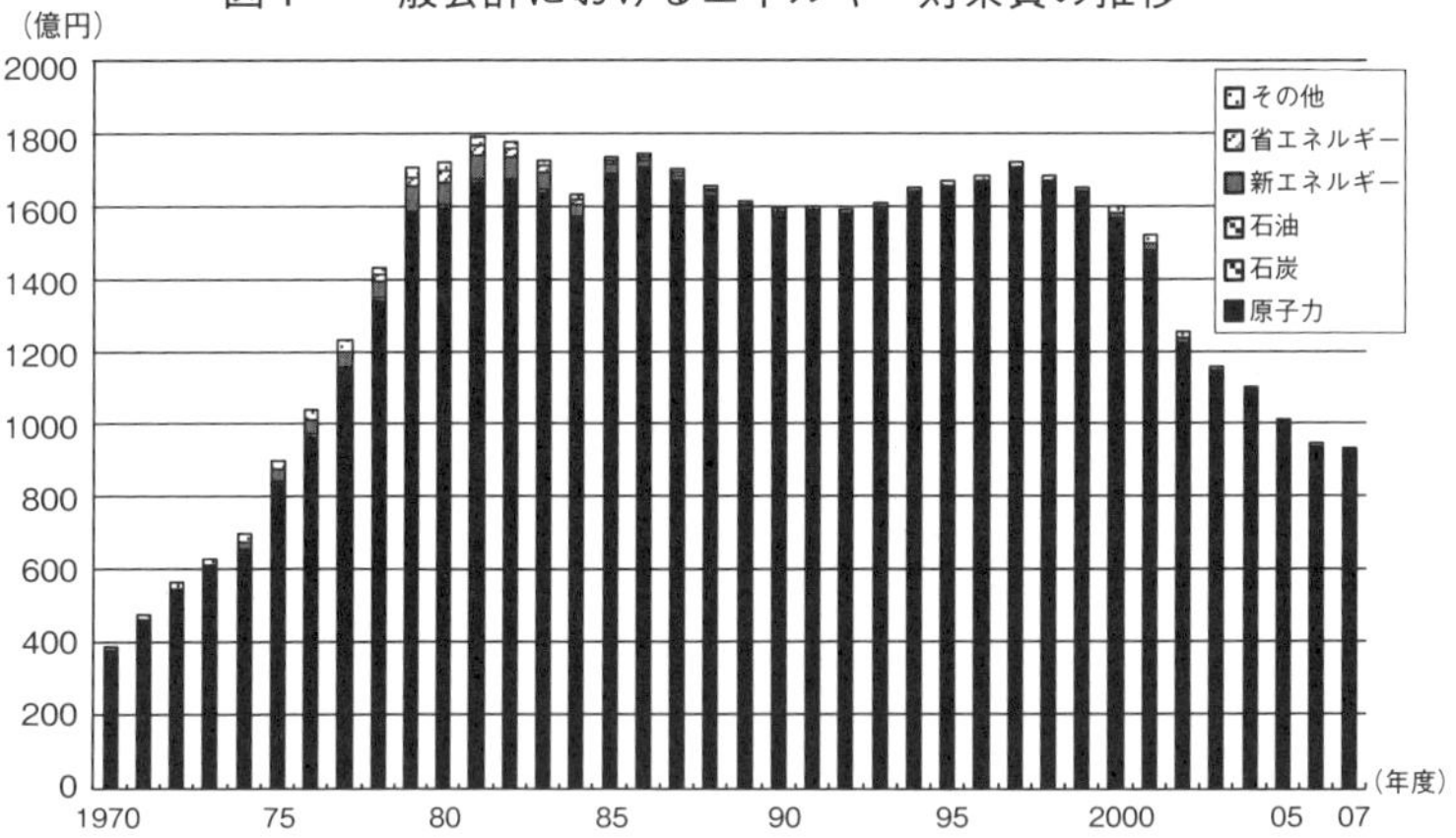

図２　電源開発促進対策特別会計の推移(エネルギー源、用途別)

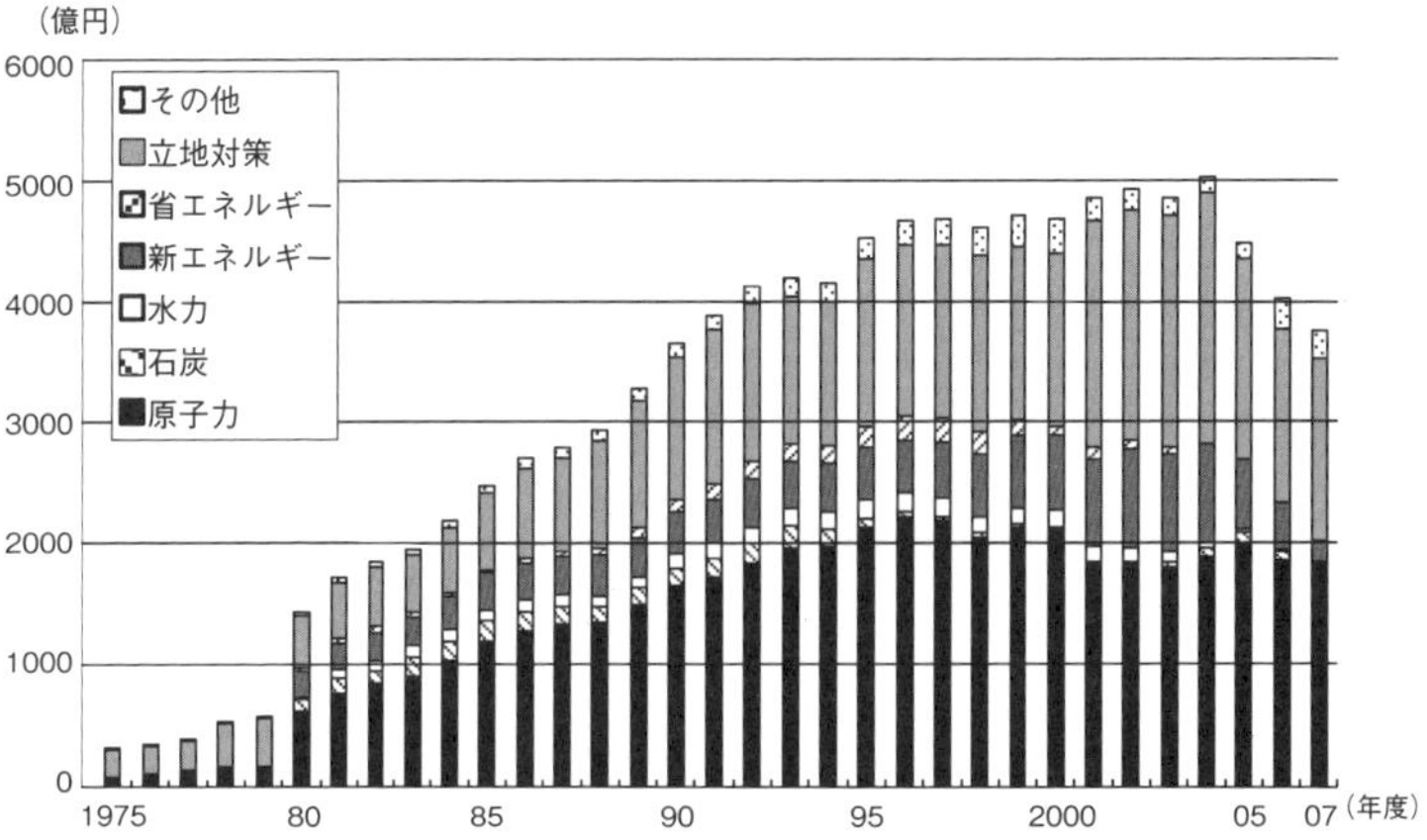

２００７年度の決算をもとに計算すると、原子力にかけられた費用が１８３８億円、立地対策にかけられた費用が１５１９億円。立地対策費用の約７割が原子力関係なので、合計約２９００億円が原子力に使われた計算になる。

こうした国家からの資金投入は税金や電気料金のかたちで徴集されており、電気料金には明示されていない原子力関係費用といえる。１９７０〜２００７年度の平均では、原子力は１kWhあたり１・64円かかっており、火力の０・02円、水力の０・12円とくらべて大幅に多い。

5　国民負担は変えずに自然エネルギーへのシフトは可能

ここまで見てきた、発電に直接要する費用、「バックエンド」費用、国家からの資金投入の３つを足して、合計国民負担としてみよう。すると、１９７０〜２００７年度の平均では、１kWhあたり原子力が10・68円、火力が９・90円、水力が７・26円となる。原子力が明らかに高いことが理解できるだろう。

これまで、風力や太陽光をはじめとする自然エネルギーは高くつくと言われてきた。たしかに、いまの日本で運用されている自然エネルギーの発電費用は高い。だが、それが将来も変わらないわけではない。自然エネルギーの普及を促進するための固定買い取り額も現在こそ高いが、これから普及すれば安くなっていく。そして、原子力や火力のような既存電源に太刀打ちできるようになれば、補助金も必要ではなくなるだろう。

原子力の再処理費用に関しては、今後まったく発電しなくても、少なく見積もって11兆円はかかる。それを前提にすれば、将来の電源として自然エネルギーを考えるとき、現在の発電単価で判断していいとは思えない。しかも、自然エネルギーは燃料費が不要で、メンテナンス費もさほどかからない。原子力のような破壊的な事故は起こらないし、もちろん放射能も出さない。

現在、原子力予算は約4000億円、再処理費用に約2500億円、合計約6500億円がかかっている。ドイツが固定価格で自然エネルギーを買い取るための予算は、年間5000〜6000億円程度だ。ドイツ並みの政策を実施したとしても、当面は原子力予算や再処理費用を転用すれば、追加的なコストはかからない。

こうした財源の転用に関しては、広く国民の判断にゆだねられるべきだろう。ただし、その際に、正確な情報の公開が不可欠である。たとえば現在、太陽光発電促進付加金は電気料金明細に表示される一方で、再処理を含む原子力のバックエンド費用は表示されない。明らかに太陽光発電のコストだけが強調されている。こうした状況を改善したうえで、国民が議論し、判断していかねばならない。すべての情報が判断できる形で開示されれば、その結論は自明だろう。

＊本稿は『オルタ』2011年7・8号掲載の「脱原発の経済学」を転載し、一部に修正を加えた。

提言／11

政治は脱原発を実現できるか

篠原《しのはら》孝《たかし》

農林水産副大臣

1948年、長野県生まれ。京都大学法学部卒業後、農林省入省。大臣官房企画室企画官、水産庁企画課長、農林水産政策研究所長などを歴任後、2003年の衆議院議員選挙に民主党から出馬して、初当選。農林水産委員会や外務委員会の筆頭理事、民主党政調副会長などを経て、2010年6月から農林水産副大臣。著書に『農的小日本主義の勧め』(創森社、1985年)、『農的循環社会への道』(創森社、2000年)、『花の都パリ「外交赤書」』(講談社+α新書、2007年)など。

1　原発にはずっと関心があった

食べものの安全性を確保するのが私のライフワークのひとつだったので、その延長上で環境問題や原発問題にはずっと関心をもってきました。１９７９年にアメリカのスリーマイル島原発事故が、86年には旧ソ連のチェルノブイリ原発事故が起きましたが、そのころは原発関連の本を読み漁っていました。一橋大学助教授だった室田武さんの『エネルギーとエントロピーの経済学』や、理化学研究所研究員だった槌田敦さんの『石油と原子力に未来はあるか』などです。もちろん、広瀬隆さんの『危険な話』にも目を通しました。広瀬さんは当時から、津波によって冷却装置が停止してメルトダウンが起こると警告していたのです。

なかでも一番感銘を受けたのは、京都大学助教授だった槌田劭《たかし》さんの『破滅にいたる工業的くらし』『未来へつなぐ農的くらし』『共生の時代』の三部作。本のタイトルまで鮮明に覚えています。私は1985年に『農的小日本主義の勧め』という本を上梓しました。この本は槌田さんたちの影響を受けています。スリーマイルのような事故は日本では起こってほしくないと思う一方、ちょっと心配しすぎじゃないかとの疑問も感じつつ、こうした本を読んでいました。

その後、私はOECD（経済協力開発機構）日本政府代表部の参事官としてフランスの首都パリに赴任します。滞在していた1991年からの3年間に、地震を感じたことは一度もありませんでした。フランスは8割近い電力を原発でまかなっています。ただし、しっかりと管理しているうえに、地震による被害は考えなくていいのです。

一方の日本は、管理に疑問符がつくうえに、地震の多発地帯にある。1970年から2000年までの30年間に、震度5以上の地震が発生した回数をみると、イギリスがゼロ、フランスが2回に対して、日本は何と3800回です。また、フィンランドは国土が固い岩盤の上にありますから、原発の放射性廃棄物を地下に埋めることができます。一方、日本にはそんな地層はありません。だから、ずっと心配しつつ原発をウォッチしてきました。

福島原発事故が現実に起こって、愕然としています。室田さんや槌田さんが30年も前から指摘していたことが、そのとおりになったからです。まさに、悪夢が現実になりました。東日本大震災はもちろん大変な災害でしたが、地震と津波だけであれば、日本はすでに復興に向けて走り出していたでしょう。福島原発からの放射性物質の漏出はいまだに続き、打つ手のない状態です。

2　農産物の出荷制限に取り組む

3月11日に地震が起きたときは、農林水産省の自室にいました。交通機関が止まったので、自宅には帰れません。歩いて港区赤坂にある議員宿舎に泊まりました。宿舎に入ってすぐにしたのが、菅直人総理への電話です。菅総理は大学時代の専門が応用物理なので、「しっかりやってください」と叱咤激励しました。次に、旧知の槌田兄弟（兄が敦さん、弟が劭さん）と、元慶応大学助教授で反原発の論客だった藤田祐幸さん、室田さんに電話を入れ、事故への対処法について聞きました。原発推進派の学者の話を聞いたって、ほとんど参考にならないですから。

それで、まず手を打ったのが出荷制限です。輸入農産物の放射能の基準値370ベクレル／kgなど放射能と食べもののことは一とおり知っていましたから、翌12日には担当者を呼んで、厚生労働省と連絡を取り合って対応するよう指示を出しました。

国民の体内被曝を防ぐことが第一です。それから、生産者を守るために風評被害を防ぐ必要もあります。汚染された農産物を市場に出回らせず、市場に出るものは安全と消費者に理解してもらうしかありません。

そのためには基準値が必要です。ところが、放射能汚染については基準値がつくられていませんでした。ここにも「原発安全神話」がはびこっていたのです。そこで、原子力安全委員会がJCO事故後の2000年につくった「飲食物摂取制限に関する指標」の数値を暫定基準値として使うことになりました。市場が動き出す3月21日には暫定基準値を公表し、基準値より高い農産物は出荷制限します。同時に、その日のうちに、政府が出荷制限したもの以外は市場が受け取り拒否してはならないという通達を出しました。

風評被害は相当なものになりましたが、市場や店頭での大混乱は避けられました。初動が早かったため、出荷制限については、お茶の問題が生じるまではそこそこスムーズにいったと思います。お茶は一番茶の葉の部分に集中していました。放射能が植物のどこにどのように蓄積されるのか、まだよくわかっていないのが実情です。

一方、原発事故は収束のめどが立ちません。「こりゃ、ダメだ」と思って、かつて乱読した本を副大臣室に持ち込んで読み直しました。たとえば、室田さんの本には、こう書いてあります。「スリーマイルアイランドで起こったこと、あるいはそれをはるかに上回る終末世界は、明日にでも、福島県で、あるいは茨城県で、また静岡県、福井県、島根県、愛媛県で発生しうることである。『ほとんど起こりえない』と専門家が保証していたこと以上のことが、すでに現実に起きてしまったのだから、私たちは、『いつでも起こりうる』という前提に立って、あらためて私たちの生活を考え直す方がよさそうである」(『エネルギーとエントロピーの経済学』5ページ)

原発を推進してきた人たちは、マグニチュード9の地震と高さ14mの津波は想定外の天災だと一様に言い訳をしています。しかし、大半の反原発の書は、まさにこのことを心配していたのです。その意味で、福島原発事故は、発電効率のよさに目がくらみ、やみくもに原発を推進してきた関係者全員が引き起こした人災でした。

どんな事象にも万が一がありますが、原発だけは万が一もあってはいけない技術です。今回の事故をふまえて、日本は原発から足を洗い、自然エネルギーと省エネルギーでやっていくべきだと、私は考えています。それは、私が従来から主張している農的小日本主義、分際をわきまえた国、循環を大切にする国づくりとつながっていて、ますます、その思いを強くしています。

3　国会議員は脱原発をどう考えているのか

副大臣になってからは農政にかかりきりになっています。でも、政務三役に入る前は国会周辺で行われる勉強会や集会によく顔を出していました。

あるとき、青森県六ケ所村の放射性廃棄物の処分に関する集会に出たことがあります。食べものの安全性の関連でずっと交流している女性たちから誘われて、出席しました。行ってみると、国会議員はほとんどいません。このときにかぎらず、原発関連の集会で見かけるのは社民党党首の福島瑞穂さんぐらいです。彼女に「あら篠原さん、またお会いしましたね」と挨拶されました。

すると、3時間ほど経って、先輩議員から電話がかかってきたのです。

「君はまだ当選2回だから気楽にいろんな会合に出ているけれど、出ればいいというものじゃないぞ。共産党ですら、原発容認なんだ。こんな会合に出ていたら、将来が暗くなるから止めなさい」（当時の共産党は、原発に明確には反対していなかった）

つまり、私が集会に参加していることを誰かがその議員に密告し、私に対して忠告させたわけです。いったい何のために、そんなことまでする必要があるのか。原発については、国会議員にも監視の目が光っています。こんな閉鎖的な体制は、ほかにないでしょう。

情けないことに、原発問題について声を上げる国会議員は少ないです。環境問題に熱心な国会議員はいますが、原発問題になると腰が引けてしまう。民主党は言うことは言うけれど、実行能力に欠けると言われてきました。だが、こと原発の問題に関しては、口を閉ざし、言うことすら言わない議員が大半です。選挙で電力関係者から横やりが入るのが恐ろしいからだと思います。

でも、今回は連合（日本労働組合総連合会）が原発を推進する方針の見直しを表明しているので、変化があるかもしれません。

そんななかでも、自民党の河野太郎さんは、はっきりと原発の問題点について発言しています。インターネットでチェックすると、自民党の河野と民主党の篠原が、２大反原発議員になっています。自民党では最近、小泉純一郎元首相が反省の弁を述べました。息子の進次郎議員も、5月25日の内閣委員会での質問の冒頭で、原子力行政を進めてきた自民党の責任と反省について明言しています。

民主党では6月2日に行われた代議士会で、原口一博元総務大臣と川内博史議員が菅総理に向かって、放射線からいのちを守るために子どもたちを避難させてほしい、と訴えました。ところが、私が見たかぎりでは、地方紙は取り上げたものの、全国紙はどこも報じなかったようです。

私はこれまで、ことさら大々的に反原発・脱原発を言ってきませんでした。しかし、福島の事故が起きた以上、はっきりと脱原発政策に向けて活動していきます。

菅総理が浜岡原発の停止を中電に要請しましたが、「停」止ではなく、「廃」止のほうがいいに決まっています。それから、止めるのは浜岡だけで、他の原発は大丈夫だとか言わないで、黙っているべきです。政権はあとわずかの月日しかもたないようで残念です。それでも、原発推進に歯止めをかけたことは歴史に残ると思います。

4　チェルノブイリで石棺を見る

チェルノブイリ原発事故から25周年の国際会議が今年4月にウクライナの首都キエフで開催されたので、行ってきました。

原子力の将来、原発の安全性などのセッションがあり、私が出席したのは土壌汚染や農業生産関係のセッションです。飛び入りでスピーチし、福島原発事故の現状や対応について報告しました。そのうえで、こう訴えたのです。

「日本はこれまで、被曝した子どもたちの治療や除染などの支援を行ってきましたが、まさかチェルノブイリの経験から学ばなければいけなくなるとは思いもよりませんでした。ぜひ、皆さんの経験を教えてほしい」

すると、主催者側のひとりがマイクを握り、こう応じてくれました。

「日本のこれまでの貢献に感謝しています。すべての情報データについて日本に協力し、提供します。これがわれわれの責務です」

会議後にはイギリスの研究者が話しかけてきて、言いました。

「日本はチェルノブイリの支援に一番熱心でした。ウクライナは当然、助けてくれるでしょう」

その後、旧知の菜の花学会・楽会会長の藤井絢子さんが現場視察に行くというので、一緒にチェルノブイリ原発を見ることにしました。非常事態省の職員が案内してくれましたが、持参した放射線測定器が随所でキューキューと無気味な音を立てます。石棺の近くでは、22・5マイクロシーベルトを示しました。これから子孫を残そうという人が近づくべきところではありません。目に見えない放射能の恐ろしさを実感する半日でした。

事故を起こした原発をコンクリートで覆ったのが石棺です。事故から25年経って鉄筋の腐食が進んだため、新たに2200億円をかけて石棺を覆う工事が行われていました。巨大な鋼鉄のシェルターで覆い、今後100年にわたって封印するということです。晴れ渡った空に、機械音がむなしく響いていました。

原発から3km、廃墟となったプリピャチ市のアパート群は想像を絶する光景です。ここには、旧ソ連各地から希望に燃えた若者たちが集まり、5万人が住んでいました。平均年齢26歳。しかし、原発事故の翌日、突然の退去を命じられ、身の回りの物だけを持って逃げ出したのです。

車で3時間半かけて事故現場周辺を見てまわりましたが、福島原発はどうなるのかという不安がよぎり、気のせいか胸が苦しくなり、体もフラフラしました。

提供してもらった詳細な土壌汚染の地図を見ると、事故から2週間後の5月10日時点で、半減期2万4000年のプルトニウム、432年のアメリシウム、29年のストロンチウム、30年のセシウムの汚染状況がプロットされています。

私たちの2万年後の子孫は、穢れなき大地を汚した先人に対し、どういう思いをもつでしょうか。いや2万年後には、原子力という際どいエネルギー源を見つけ、勝手な振る舞いをした人類は、滅んでいるかもしれない。そう思うと、また気が重くなりました。

5　菜種とヒマワリの有効性

今回のチェルノブイリ訪問では、菜の花プロジェクトも視察してきました。これは、放射能で汚染された土壌で菜種を栽培し、バイオ燃料を製造する取り組みです。日本のＮＧＯ「チェルノブイリ救援・中部」が２００４年から取り組んでいます。場所は、チェルノブイリから70㎞西のナロジチ地区。放射能で汚染され、居住も作付けも禁止されている廃村の圃場で、菜種が作られています。チェルノブイリでは、放射能で汚染された土壌に菜種やヒマワリを植えてきました。それは、土壌の放射性物質を除去するためではなく、油を採るためです。

わずかながら種にも放射性物質が含まれますが、採り出した油にはほとんど移行しないことがわかっています。食用にもできるほどです。少なくとも、バイオディーゼル燃料にすれば、何の健康被害も生じません。

放射性物質が残留している茎や油粕は糞尿と混ぜて発酵させ、メタンガスを製造します。そのガスには、放射性物質は含まれていません。残渣は吸着剤を使って嵩を減らして300年間にわたって管理し、放射能を減らしていきます。日本でもやってみようということで、5月末に鹿野道彦農林水産大臣が現地入りし、福島県飯舘村の農地でヒマワリの植え付けをしました。秋には菜種も植える計画です。手間暇は非常にかかりますが、可能性はあると思っています。

6　政治は脱原発を実現できるか

脱原発は、政治の力で実現していくべきだと思います。けれども、すでに述べたように国会議員の反応は芳しくありません。では、どうやって進めていくか。私にはひとつのイメージがあります。

2008年の福田康夫政権当時、私は超党派のサマータイム推進議員連盟が提案したサマータイム法案の成立を阻止したことがあります。年に2回時刻を変更してサマータイムを導入するという内容でした。しかし、わざわざ時計をいじらなくても、仕事や学校が始まる時間を早くすればいいだけだと主張し、反対したのです。長野県では現に、小・中学校の始業時間は、夏は朝8時半、冬は9時半でした。始業時間を変えるだけでいいわけです。

サマータイム法案は臓器移植法案と同じで、党議拘束がありませんでしたから、一人ひとりに訴えるしかありません。全議員の部屋をまわって、「サマータイムは『時計の切り替え』ではなく、『頭の切り替え』で」というペーパーを配り、部屋に議員がいる場合は、一人ひとり説得しました。すると、賛同する議員がどんどん増えていきます。小泉純一郎さんからも、「賛成だ。君の言うとおりだ」と電話がかかってきました。その結果、法案の提出は見送られ、超党派のサマータイム推進議員連盟の会長代行だった中曽根弘文さんから廊下で嫌みを言われました。

このときの経験から、やろうと思えば、ひとりでもできると思っています。サマータイム法案のときはたまたまひとりで活動しましたが、グループをつくって党内で議論してやっていくのが普通です。脱原発についても、声高にやるのではなく、じわじわとやっていこうと思っています。

浜岡原発に続いて、早期に止める必要があるのは、柏崎刈羽原発です。福島原発のような事故が起きたら、長野・新潟県境の山間地に大雪を降らせ、猛烈な汚染に曝されます。飯舘村どころではありません。

日本は世界で一番、脱原発の方向性を見出していくのにふさわしい国です。そして、その必要性に迫られている国でもあると思います。時間がかかっても、まず日本で原発を廃止し、世界に見本を示していかねばならないと思っているところです。

提言／12

脱原発はもはや政治的テーマではない

保《ほ》坂《さか》展《のぶ》人《と》

東京都世田谷区長

1955年、宮城県生まれ。東京都立新宿高校定時制中退。中学時代の政治活動の自由をめぐる「内申書裁判」の原告として、16年間たたかう。1980年代からジャーナリストとして活動しながら、世田谷区を拠点に子どもや教育をテーマにした地域活動に取り組んできた。1996年、衆議院議員に初当選。3期11年務めた後、2011年4月から世田谷区長。著書に、ロングセラーを重ねる『いじめの光景』(集英社文庫、1994年)、『学校だけが人生じゃない』(結書房、2006年)、『どうなる?高齢者の医療制度』(共著、ジャパンマシニスト社、2008年)など。

1　なぜ区長になったのか

児童養護施設の子どもたちは18歳になると、施設を出て自力で生きていかなければなりません。そこで、施設出身の若者たちがお互いに助け合おうと立ち上げたのが、東京都文京区のＮＰＯ法人「日向ぼっこ」です。ジャーナリストとしてこの施設を取材しているときに、東日本大震災が起きました。大きな揺れで冷蔵庫が50㎝も動き、赤ちゃんを守るために、テレビが倒れないように押さえていました。

マスコミとインターネットで情報を収集する以外にできることもなく、事故後4～5日は固唾《かたず》を飲んで推移を見守っていたというのが実情です。全電源喪失によってメルトダウンが起こる可能性については、当初から考えていました。原発が危ない、とくに地震に弱いということは百も承知で、東京電力柏崎刈羽原発が新潟県中越沖地震で事故を起こして以来、さんざん警告してきました。その警告がまったく聞き入れられず、今回の事故が起きてしまったことはたいへん残念です。

原発事故について情報をもっていたのは、政治家で言えば、官邸と経済産業省や原子力安全・保安院の限られた人たちだけで、あとの人たちは、たとえ与党であっても一般人とあまり変わりません。原子力安全・保安院や東京電力が発表する情報をテレビやインターネットでフォローするしかなかったでしょう。

一方、震災と原発事故の発生以来、自治体は市民のニーズに対処するため、一刻の猶予もなく動き続けていました。たとえば、東京都杉並区では福島県南相馬市への支援活動を進め、避難所に物資を届け、現地にバスを出して被災者の受け入れを行います。そのときは私の事務所が杉並区にあった関係で、そのお手伝いを始めました。原発事故発生当時、福島第一原発から30㎞圏内には入れませんでしたから、何とか入れるように官邸に働きかけたり、南相馬市や被災者が避難している山形県米沢市に行ったりしました。

非常事態に遭遇したとき、政治も縦割りの官僚組織もうまく対処できない。それに対して、自治体は機動力があり、いろんなことができる。そう思っていたところに、世田谷区長選挙に立候補してほしいという要請がありました。それで、脱原発を掲げて立候補し、当選したわけです。統一地方選挙で脱原発を掲げた候補はほとんどいなかったので、全国的な注目を集めました。

2　脱原発のビジョン

広島や長崎に落とされた原子爆弾と原子力発電は、原理としてはまったく変わりません。ウランやプルトニウムが核分裂する破壊的なエネルギーを爆弾という兵器に使うか、容器に閉じ込めて発電に使うか、という違いがあるだけです。したがって、原発はいったん事故を起こしたら、取り返しがつかない事態になるということを、私たちはすでにチェルノブイリやスリーマイル島原発事故を見て知っています。

政府や電力会社は、日本は高度な技術をもっているから、チェルノブイリのような事故は起こり得ないと言ってきました。しかし、今回事故が現実に起きたのですから、もっと謙虚にならなければいけません。

こうなってしまった以上、運転開始から40年以上経って老朽化している原発はただちに止めるべきです。また、浜岡原発のように、地震多発の蓋然性が高い場所に立地している原発も止めていくべきです。理想は全部の原発の停止ですが、電力供給上ギリギリだというのならば、段階的に止めていく。

その一方で、燃焼効率のいい天然ガスやガスタービン発電などを増やしながら、自然エネルギーや再生可能エネルギーの普及にシフトしていこうというのが、私が掲げた脱原発のビジョンです。こうしたエネルギーシフトは、一刻も早く行ったほうがよいと考えます。ただし、政府や経済産業省、電力会社というラインでは、物事はなかなか進まないでしょう。そこで、自治体レベルで、自然エネルギーの普及に積極的に取り組み、かつ取り組みの気運を高めていきたいと思っています。

3　自治体の電力消費を開示せよ

脱原発を自治体レベルで進めていく工程表のようなものを考えた場合、第一段階は電力需要の抑制です。

世田谷区役所では、15％の節電を目標にさまざまな対策を進めています。たとえば、クールビズの期間を前倒しして延長したのをはじめ、エアコンは28℃に設定する、輪番で定時退庁を徹底する、区の施設の休業や一部利用の制限などです。こうして電力使用の抑制を実施し、区民にも節電の取り組みを求めてきました。

というのも、夏場に電力需給が逼迫して大停電の危機に陥るのは（23区は計画停電の対象外だが、大規模停電の危険はある）、区民にとっても社会全体にとっても非常に困った事態であり、恐怖でもあるからです。この恐怖の背景には、政府や電力会社の見通しの甘さもありますが、情報開示が十分でなかったこともあると思っています。

最近開かれた、23区の区長を集めた特別区区長会で、こんなやりとりがありました。提案者は独立行政法人科学技術振興機構低炭素社会戦略センターの東大大学院教授で、質問者は区長です。

「電力需要がピークに近づいたら警報を鳴らすので、自治体でメールを回してください」

「警報が出されて停電が回避されたら、『ありがとうございました』というメールはないのか」

「『ありがとうございました』というメールを送った途端、再び電力需要が急増する恐れがあるので、むずかしい」

このような一方通行の情報伝達のあり方はおかしいと、私も思いました。

東京電力は現在、全エリアでの電力の最大供給量と使用電力量について、リアルタイムに近い15～30分程度の遅れで開示しています。同様の情報を世田谷区のエリアで出してもらえれば、区民はそのデータをパソコンとかiフォンとかでチェックして節電に参加できるので、停電はほぼ確実に回避できるでしょう。

それで、私は東京電力に情報開示を求めました。その回答は「区ごとではなく、23区全体のデータで、しかも前日分ならば出してもよい」というものです。しかし、計画停電ができるということは、狭いエリアでの消費電力が把握できているはずですから、区のエリアのデータをリアルタイムで出すよう、東京電力に引き続き求めています。

また、家庭内のエアコンや家電製品の電力使用量を自動的にコントロールするスマートメーターではありませんが、自宅で使っている電力がどれくらいかというデータがわかる「見える化」も、当面やりたいと考えている取り組みのひとつです。原発は電力のピーク時の需要を満たすために欠かせないと言われてきました。ピーク時の電力をやり繰りするためにも、電力の「見える化」が重要ですし、蓄電池の技術についても研究し、取り組んでいきたい。

4　さまざまな実験を世田谷区で

脱原発に向けた第二段階は、石油や石炭、原子力に代わる代替手段の導入になります。出力が大きい発電所の建設は、一自治体では無理です。でも、小規模な水力発電やガスタービン発電などについては検討する余地があります。

次に検討すべきなのが、太陽光発電などの自然エネルギーや再生可能エネルギーです。太陽光発電については、人口88万人が住む世田谷区の家の屋根とビルの屋上などにソーラーパネルを設置すると考えると、相当の発電量が見込めます。設置費用が高く、車一台分程度、つまり200万円ぐらいになることがネックなので、このネックをどうやって克服して設置と普及を促進していくか、これから検討していくつもりです。世田谷区のような住宅密集地で、こうした新エネルギーをどうやったら普及していけるのか。区民を対象にしたシンポジウムを開催し、企業や研究者を呼んで、展望や具体的な工程について話し合いたいと思っています。

また、自然エネルギーの産業技術展みたいなこともできないだろうか。そこに多くの人たちが集まり、新しい商品が展示されたり新しいシステムが提唱されれば、それらの導入が進み、事業の基盤もできてくるでしょう。

こうして、自然エネルギーや再生可能エネルギーの研究や開発について議論する舞台を意欲的に提供していく。そのためにも、「地域で実験をしてみたいとか、商品を宣伝したいという企業は、まず世田谷区に来てください」というぐらいの意気込みで臨みたいと思っています。幸い、いまのところ、こうした取り組みについて止めてくれと言う人はいませんし、それは自治体のやることではないと言う人もいません。

ご存知のように、いまの日本社会は需要が極端に収縮し、雇用や経済が落ち込む「縮み社会」

にはまり込んでいるわけですから、こうした取り組みは地域の潜在的な力の発掘にもつながるはずです。さらに、その成果を被災地の福島や原発が止まった浜岡などにお返ししていきたいとも思っています。

5　脱原発は政治的テーマではない

福島原発事故の前と後で何が変わったかというと、一番大きな変化は、脱原発が政治的なテーマではなくなったことです。

これまでは、「原発推進は国策であるから正しい。脱原発は反体制であるからよくない」というはっきりした区分け、ある種の壁がありました。だから、脱原発についての議論は広がらなかったのです。しかし、今回の事故によって、そうした壁は崩壊しました。国土も山河も放射能で汚染されてしまった現状を見ると、脱原発とは国土や自然を守ることであり、反体制どころか、保守の考え方そのものだとすら言えるでしょう。

6月の世田谷区議会で、脱原発宣言をしないのかという議員の質問がありましたが、当面は節電や情報開示、自然エネルギーの研究などを進めたい。そうやって十分な議論を積み重ねたうえで、いずれは脱原発宣言を出すことについても検討したいと思っています。

提言／13

原発に頼らない安心できる社会をつくろう

吉原《よしはら》毅《たけし》

城南信用金庫理事長

1955年、東京都生まれ。1977年、慶應義塾大学経済学部を卒業し、城南信用金庫に入庫。懸賞金付き定期預金など新商品の開発や広報などに従事する。企画部長、常務理事・市場本部長などを経て、2010年より理事長。

城南信用金庫　業界第2位の規模を誇る信用金庫で、東京都品川区に本店がある。城南とは江戸城の南側という意味で、東京都東南部（大田区や世田谷区など10区と町田市など3市）と神奈川県東部（横浜市や川崎市など10市）に計85店を有し、従業員数は2,148名、会員数は34万人近くに達する。2011年3月末現在の預金残高が約3兆3,862億円、貸出金残高が1兆9,315億円に上る。

1　福島原発事故の衝撃

大変な事故が起きてしまったと思っていたら、福島県南相馬市のあぶくま信用金庫からＳＯＳが届きました。

「原発事故による避難指示が出て、７店舗が閉鎖になりました。従業員を10人ほど採用していただけないでしょうか」

提言／13　吉原毅
原発に頼らない安心できる社会をつくろう

あぶくま信用金庫は、福島県南相馬市に本店があります（従業員146名、会員数約1万4000人。預金残高約1213億円、貸出金残高約601億円）。周辺の富岡町や浪江町などに16店舗あったが、今回の原発事故で7店舗が閉鎖に追い込まれたそうです。

信用金庫というのは、地域のお客様を守って地域を発展させ、ひいては日本の発展に寄与するために生まれた金融機関です。城南信用金庫には約2000名の従業員がおり、みんな地域が大好きで、誇りをもって仕事しています。私自身も会社が大好きで、仕事への誇りと愛社心をもって長年、働いてきました。これからもずっと、この仕事を続けていければいいと思っています。あぶくま信用金庫のみなさんだって、その気持ちに変わりないにちがいありません。

ところが、避難指示が出て地域から退去しなければならなくなりました。住民の方々が、そこに住むことさえできなくなる。そこにある金融機関も、地域から離れなければならない。一瞬にして、いままで積み上げてきたことも先人たちの努力も、すべて水の泡になってしまいました。しかも、それが1年や2年ではなく、永遠に続くかもしれない……。

チェルノブイリでは、いまだに人びとが住めない状況にあるようです。それと同じことが、この日本の、福島という歴史ある素晴らしい地域で起きたことに、大きな衝撃を受けました。とても、他人事ではありません。地域を守るという使命を果たせない信用金庫のみなさんの無念の気持ちが、痛いほどよくわかりました。その痛みを考えながら、原発というのはいったい何だったのか、考えざるをえなかったのです。

マスコミの報道などによって、原発について関係者がこれまで言ってきたことや説明してきたことが実態といかに違うか、管理体制がいかに不十分であったかが、わかってきました。政府も東京電力も、関係者は口をそろえて、何重にもセーフティネットを用意しているので「原発は絶対安全で、大丈夫です」と説明してきましたが、それがことごとく違うという。

非常に衝撃を受け、そして、いままでこの問題に関心をもっていなかったことを、深く反省しました。人間ですから間違いが生じるのは仕方ないですが、人間が管理できる技術には限りがある。その限りある技術水準を超えたものはやはりもつべきじゃないのではないか、と思うようになりました。

私たち首都圏に住む者は、安心して福島県で造られた電力の供給を受けてきましたが、事故によって福島県の方々に多大な迷惑をかけてしまいました。これまで原子力発電反対というと、一部の市民運動の方々がやっていることかなと思っていましたが、私たちは普通の人間として、あるいは普通の企業として真剣に考え、この問題に対する態度をはっきり決めていかないと、日本全体が大変なことになる。改めて、そう気づかされたのです。

2　企業も「脱原発」を訴える

国民の多くが同じように考えていると私は思っていました。ところが、これだけの事故が起きたにもかかわらず、マスコミはまだ、原発がないと経済や国民生活が成り立たないとまことしやかに報道しています。それを見て、これは「原発を止めましょう」とみんなで声を出していかなければいけない、と思うようになりました。地域を守っていくことが使命である信用金庫として、単に預金や融資、それにお客様の相談に乗っているだけでは、もはや地域を守り抜くことはできない。企業も声を上げなければならない。

私は会社が大好きで、朝から晩まで働いています。そこには喜びも達成感もあり、社会に貢献し、多くの人たちとつながっているという満足感だってあるわけです。企業で働く方々は、それぞれの誇りをもって働いていると思います。それなのに、「ただの金儲けだろ」と言われたら、悔しいと思うのではないでしょうか。子どもたちに誇れるような仕事をしていきたいと思うはずです。原発事故の現場で働いている人たちだって、同じだと思います。わざわざ志願して、危険な現場で奮闘しているのですから。

だから、「所詮、企業は社会的な発言などせず、金儲けだけ考えていればいいんだ」というニヒリスティックな事なかれ主義には到底、賛同できません。会社を含めた地域社会がピンチであるならば、何とか助けられないかと考える。仲間である福島の信用金庫がひどい目にあっていたら、代わりに進言する。「義を見てせざるは勇なきなり」という言葉がありますが、これが人間としての筋でしょう。

企業は、人間と同じように社会によって生かされる存在です。個人が生きているように、法人（企業）も生きています。魂もあれば、理想もある。哲学だって、価値観だって、あるのです。そうであれば、社会に役立つために、そして自らのビジョンを実現するために、必要な行動はすべきではないでしょうか。誇りある企業として、きちんと発言し、行動していきたい。

いま、それが何かと言えば、原発に頼らない社会というビジョンです。ただし、偉そうに口で言うだけでは誰も聞いてくれません。そこで、「原発に頼らない安心な地域社会をつくりましょう」というメッセージを掲げて、できるところから地道に行動に移していく。原発の分の電気を節約して、「みんなで節電しますから、原発を止めてください」と政府や電力会社にお願いすれば、筋が通ると考えました。

金融機関は黙って日常業務を行っていればいい、という考え方もあります。そういう点では議論もありました。しかし、いまこういう危機的な状況にあって、一人ひとりの人間、あるいは一つひとつの企業として行わなければいけないことがあると思います。それは、考えたことを勇気をもって発言し、できるところから地道にやっていこうと呼びかけることではないでしょうか。

国策として原子力発電は推進されてきました。けれども、その議論の過程がゆがめられたものだったということは、マスコミを通じて国民が非常によくわかったと思います。ですから、それを十分に認識したうえで、地道に行動して変えていかなければいけない。その際、一部の方々の政治的な活動ではなくて、普通の企業、普通の国民がそれぞれ考えて、変えていくことが必要なのではないかと、私たちは考えました。

そこで、今年の4月1日から次のような一文をホームページのトップに掲げました。

原発に頼らない安心できる社会へ

城南信用金庫

東京電力福島第一原子力発電所の事故は、我が国の未来に重大な影響を与えています。今回の事故を通じて、原子力エネルギーは、私達に明るい未来を与えてくれるものではなく、一歩間違えば取り返しのつかない危険性を持っていること、さらに、残念ながらそれを管理する政府機関も企業体も、万全の体制をとっていなかったことが明確になりつつあります。

こうした中で、私達は、原子力エネルギーに依存することはあまりにも危険性が大き過ぎるということを学びました。私達が地域金融機関として、今できることはささやかではありますが、省電力、省エネルギー、そして代替エネルギーの開発利用に少しでも貢献することではないかと考えます。そのため、今後、私達は以下のような省電力と省エネルギーのための様々な取組みに努めるとともに、金融を通じて地域の皆様の省電力、省エネルギーのための設備投資を積極的に支援、推進してまいります。

①徹底した節電運動の実施
②冷暖房の設定温度の見直し
③省電力型設備の導入
④断熱工事の施工
⑤緑化工事の推進
⑥ソーラーパネルの設置
⑦ＬＥＤ照明への切り替え
⑧燃料電池の導入
⑨家庭用蓄電池の購入
⑩自家発電装置の購入

これまでは、単にコスト削減のために省エネをやってきました。でも、社会の安心・安全を意識するならば、多少コストがかかっても省エネに取り組むことができるのではないか。私たちだけでやっても仕方がないので、多くの企業にメッセージとして伝えたいということで、ホームページのトップに掲げたのです。

3　節電で社内の電気消費量を3割減らす

日本の電力消費における原子力への依存度は、約3割と言われています。それならば、節電を3割やれば、原発に依存しているかなりの部分は減らせるはずです。そこで、社内で徹底した省エネに取り組み、今後3年以内に約3割の節電を実施することにしました。

まず本店で、電気、照明、空調などの節電をしてみました。その結果、4月1カ月間で、前年同月に比べて電気消費量が約3割減ったのです。全店の平均でも25％近く減りました。若干、寒いとか暑いとかあるとは思いますけれど、それは人間の努力でカバーできます。私たちがやれたということは、他の企業でもできるということです。

節電については、私自身も自宅でやってみました。具体的には、家族のいる部屋以外は照明を消し、エアコンも消しました。わずかな時間、他の部屋に行くときは懐中電灯で十分です。ヘアドライヤーは節電がむずかしいのですが、私の甥は節電するためにロングヘアをバッサリ切ったので、「節電ヘア」と名づけました。このように一種のゲーム感覚で取り組むのは、けっこう楽しいですよ。これまで、いかに無駄遣いをしていたかということを示しているわけですから、お恥ずかしい話なのですが……。

こうした節電の結果、4月と5月連続して一カ月間の電気消費量が前年同月に比べて3割以上カットできました。だいたい一日平均10kWだったのが、5～6kWに減ったのです。4月の消費量は、昨年の約300kWから約200kWにまで減りました。ただし、無理してやっても続きません。無理なくこれだけの節減ができるのだから、みんなで節電して「原発の分の電気を節約しますから、原発を止めてください」と言っていくことが大事ではないでしょうか。

次に、節電を無理なくやるために、設備の入れ替えが有効です。空調設備などの古い設備を更新すると、約3～4割の電気量の節減になることもわかりました。そこで、古い設備の更新を急いでいくつもりです。

照明についても、LED（発光ダイオード）に替えると電気消費量を3分の1近くに減らすことができます。しかも、長持ちするので、トータルコストでも安くなる。蛍光灯でも節電型を導入すれば、従来の蛍光灯の半分程度の電気消費量に落とせます。

また、電力ピークに対応するために、自家発電を装備するのもひとつの対策です。いろいろ調べてみると、大規模な発電設備をもっている大企業がけっこうあることがわかりました。すべて合わせれば、原発と同じぐらいの発電量があるそうです。これを使えば、原発に依存せずにすみます。エネルギーについても、地産地消というか、自家発電で賄っていくことを考える必要があると思いました。城南信用金庫では今回、万一に備えた発電機を20台発注したほか、非常用の小型発電機を全店に配備するように発注しましたが、どの企業も同じようにしているようです。製品がなかなか届きません。

本店と事務センターには、ソーラーパネルも発注しました。自家発電によって日中のピーク時の電気消費量を節約できれば、全体のピークを抑えられる。最近の報道では、東京大学とシャープの共同研究で、発電効率がこれまでより3～4倍もいいソーラーパネルを開発中のようです。こうした技術が実用化されれば、効率はどんどんアップするでしょう。さらに、ハイテク技術だけでなく、緑化したり、扇風機や団扇《うちわ》を使ったりといったレトロ方式も取り入れて、ハイテクとレトロの組み合わせで節電することも考えられます。

私たちは、節電によって原発に依存しない社会をつくろうと呼びかけていますが、事故後のマスコミ報道を見ていると、実は原発がなくても電力は十分に供給できることや、化石燃料よりも原発のほうがトータルコストも危険度も高いことなどが、しだいに明らかになってきました。とくに思い知らされたのは、国土の消失がお金に換えられないほどの損失であることです。

それでも、原発が止まらないのは、お金を生み出す仕組みができているからではないでしょうか。関係者がお金に振り回され、自分たちの動きを止められなくなっているように思います。私たち信用金庫の最大の目的は、実はお金に振り回されない世の中をつくることなのです。1844年にイギリス・マンチェスター郊外のロッチデールという町で、世界最初の信用組合が誕生しました。そのときにめざしたのが、お金に振り回されず、人間を大切にする会社や社会をつくることです。そうであれば、私たち信用金庫としては当然、原発についても同じ問題として考えるべきではないかと思っています。

4　節電プレミアム預金

社内での取り組みと同時に、お客様向けにいくつかのキャンペーン商品を用意しました。第一が節電プレミアム預金。1年間の定期預金で、年利1・0%。通常の1年定期の年利が0・05%ですから、20倍の高利率です。ソーラーパネル、自家用発電機、蓄電池、LED照明のいずれかを10万円以上買った方が対象で、領収証を提示してもらえれば、1世帯あたり100万円まで預金できます。100万円の1%ですから1万円。自己資金で省エネ製品を購入した方々に、城南信用金庫から社会貢献に対する感謝の気持ちをこめて1%定期預金をする権利を差し上げます、ということです。

第二が節電プレミアムローン。ソーラーパネル、自家用発電機、蓄電池、ＬＥＤ照明のいずれかを買う場合、低い金利でお金を融資するローンです。最初の1年間は無利子で、2年目以降は年1・0％の固定金利。融資額は50万〜３００万円で、期間は3〜8年間です。最初の1年間はノーローンですし、1％でも儲けはありません。けれども、こういう商品をお勧めすることによって、私たちが「節電が大事です」というメッセージを発し、営業活動を通じてみなさんの意識を高めていくことを目的としています。

第三が信ちゃん福袋サービス。信ちゃんというのは、昭和時代につくられた信用金庫のレトロなキャラクターです。電気の消費量を前年同月比で3割減らした方が利用明細書を持参すれば、もれなく福袋と信ちゃんを進呈するというサービスです。営業を始めて1週間で、17人に進呈しました。こうやってゲーム感覚で節電に取り組んでもらい、「何のためにやるの？」「原発に頼らない安心できる社会をつくるためです」「なるほど」となれば、実に有意義なゲームではないでしょうか。

それから、これは少し大きな話ですけれど、東京大学などによると、太平洋沿岸地域に浮力体の風力発電装置を設置すれば、かなりの発電量が確保できるという研究もあります。日本の技術とエネルギー、それに地域にある中小企業の技術力を結集していけば、原発に頼らない社会は必ず実現できるはずです、地道に取り組んでいきましょうよと、お客様に呼びかけていきたいと思っています。

5　リーダーの責任

先日、政府と東京電力、それに原子力安全・保安院の合同記者会見の映像を見ていたら、文部科学省とアメリカ・エネルギー省が共同で実施した放射能調査結果の資料が配られているところでした。ＮＨＫの記者が「この資料では、一番放射能の高い区域が３０００万ベクレルと書いてあります。間違いじゃないですか？　チェルノブイリでは３８０万ベクレルでしたけど」と質問すると、担当者が「いや、合ってます」と答えたのです。

チェルノブイリの立ち入り禁止区域の10倍近い汚染だったわけで、私は卒倒しそうでした。こんな重大な事実がずっと公表されていなかったわけです。しかも、翌日の新聞で小さく扱われていたのを見て、二重に驚いてしまいました。

私たちが今回「原発に頼らない社会をつくろう」というメッセージを出したときも、似たような経験をしています。新聞社の記者に来てもらって説明したものの、一部にしか取り上げられませんでした。そのくらい電力会社や政府の圧力は強いのかなと、背筋が寒くなる思いです。

それでも、原発事故が起きた直後に大量の放射性物質が流れたことは、だんだん明らかになってきました。本当はただちに退避命令を出すべきだったけれど、リーダーシップがないために出されなかったのです。自分がいのちをかけて働いている大好きな組織であれば、リーダーは「悪いことをしてしまいました。申し訳ありません」と言って心から詫びると思います。しかし、今回の事故では、リーダーたちの表情に、そういう思いが感じられませんでした。

私たち企業の場合もそうですが、何かとてつもないことが起こったとき、リーダーに私心があると、そこで動きが止まってしまいます。ふだんは凡庸な人でも務まりますが、いざというときには、「武士道というは死ぬことと見つけたり」ではないですが、いのちがけでやる覚悟をもったリーダーでなければ、乗り切れません。ところが、お金がすべてという戦後的な価値観のなかで、そうした精神が風化し、大企業に勤める目的も出世する目的も、お金になってしまいました。そういう人たちが権力を握り、会社を経営しているから、こういう無責任な事態になる。

近代哲学の泰斗であるドイツの哲学者ヘーゲルですら、「市民社会は国家と個人だけでは成り立たない。中間組織である家族や地域共同体、協同組合や会社があって初めて、近代国家が成り立つ」と言っています。企業には、それほど大切な役割があるということです。にもかかわらず、日本のリーダーの方々は、企業の目的は利益追求であればいいと考える傾向が強まり、企業人としての魂、誇り、志がどんどん風化しているのではないでしょうか。

しっかりとしたリーダーを選び、そのリーダーを中心に、みんなが同じ志とビジョンをもって会社にかかわり、組織にかかわる。そして、その組織が国家を支え、地域社会を支え、幸せな人生を送れるように個人を成長させる社会をつくらないといけないのではないでしょうか。

6 予想外の反響

当初、こうした私たちの発言に対してご批判やお叱りの声もあるかと思ったのですが、おかげさまで好意的な反応ばかりでした。

「城南さんのメッセージに勇気づけられ、希望をもつことができました」
「はっきりと主張する勇気と姿勢に心から感服しました」
「目が醒《さ》める思いでメッセージを読ませていただいた」

店頭だけでなく、全国からツイッターや電話で「共感した」という賛同の声が寄せられ、「口座を開設したい」「取引したい」というお客様も出てきています。その気持ちは大変ありがたいことで、私たちとしても、思い切って脱原発を掲げてよかったなと思っています。

この気持ちを励みとして、さらにこのキャンペーンを推進し、原発に頼らない安心できる社会に向けた取り組みを進めていきたいと思っています。

Column

進化する省エネ家電製品

家電業者や消費者などでつくる省エネ家電普及促進フォーラムがまとめた「2010年度版省エネ家電おすすめBOOK」によると、家電製品の省エネ効果はこの10年ほどで3～5割もアップしている。

たとえば、容量が401～450ℓの冷蔵庫の場合、1998年型では年間消費電力量の目安(推定)が800～900kWhだったのに対して、2008年型では370～410kWhと、最小値も最大値も半分以下になった。また、2.8kWクラスのエアコンの代表機種平均値を比べると、1998年型では年間消費電力量が1159kWhだったのが、2008年型では858kWhと26%も減った。

一方、東京大学では、学内に東大グリーンICTプロジェクトを設立して省エネに取り組んでいる。東京都文京区にある工学部2号館で使っていた照明1046個すべてを既存の省エネタイプの照明からLED(発光ダイオード)に換えたところ、1万1700Wだった消費電力量が4440Wにまで減ったという。62%もの削減効果である。

LEDランプを使うと、白熱電球の約10分の1、蛍光灯の半分程度の消費電力で、同程度の明るさが確保できるとされていた。東大の結果は、LEDの省エネ効果が実証されたものと言えるだろう。〈コモンズ脱原発チーム〉

提言／14

上野千鶴子《うえのちづこ》
社会学者

3・11と8・15
——民主主義と自治への道

1948年、富山県生まれ。京都大学大学院社会学博士課程修了後、平安女学院短期大学助教授などを経て、1993年東京大学文学部助教授(社会学)、1995年から東京大学大学院人文社会系研究科教授、2011年に退職。現在NPO法人ウィメンズアクションネットワーク(WAN)理事長。女性学、ジェンダー研究のパイオニアであり、指導的な理論家のひとり。近年は高齢者の介護問題に関わっており、『おひとりさまの老後』(法研、2007年)、『男おひとりさま道』(法研、2009年)はベストセラーに。『差異の政治学』(岩波書店、2002年)、『生き延びるための思想』(岩波書店、2006年)など著書多数。近刊に『不惑のフェミニズム』(岩波現代文庫、2011年)など。

岡戸雅樹撮影

東日本大地震は、未曾有の天災だった。洗い流されたひとびとの暮らしの痕跡、瓦礫の山、呆然自失と悲嘆……だが、それよりももっと、気を滅入らせるものがあった。福島の原発事故が人災だったことである。

† †

人災とはひとびとの愚かさと思考停止が招き寄せた災禍、という意味である。その意味で、3・11は8・15に似ている。

「やっぱり」「思ったとおりだった」「こんなものがうまくいくわけがないと思っていた」「だから、言ったでしょっ」

最後のせりふは、そのまま米谷ふみ子さんが3・11以後に刊行した本(『だから、言ったでしょっ！——核保有国で原爆イベントを続けて』かもがわ出版、2011年)のタイトルである。

今、こう言えるひとが強い。

アメリカ在住の彼女は、ひさしく米国でヒロシマの惨禍を訴えて、反核運動をつづけてきた。こういうひとにとっては、フクシマは、ヒロシマ、ナガサキにつづく3度めの被曝だ。それに第五福竜丸をつけ加えることもできる。これだけの犠牲を払い、これだけ高くつく授業料を払って、いまだに歴史から学ばないとしたら、度しがたいおろかものだ。

米谷さんから引用を。

「原発の事故は起こるべくして起こったのである。私は為政者、関係者の愚かさに絶望的になった」

もひとつ、米谷さんから引用を。

「金に目が眩むと……原爆の核と原発の核が同じく危険であるとおもえなくなるのだろうか？」

ただただ、米谷さんの引用を。

「政府と企業とメディアがつるむとその国は滅びる」(いずれも『だから、言ったでしょっ！』から)

だから、米谷さんが言ったとおり、日本は滅びへの道を歩んだ。

「だから、言ったでしょっ」と米谷さんに海の向こうで言われても、それに応えることのできなかった、自分たちの非力と無力に唇をかみしめる。そして、このおろかさがこれからもまだこの国でつづくとしたら……苦い後悔と底なしの絶望に、身をさいなまれよう。

† †

震災後、いくつかのメディアから原稿の依頼がきた。

「3・11以後に読むべき50冊の本」「3・11であなたが変わったこと」「3・11で変わってほしいこと、変わってほしくないこと」……何かと変化を追いかけるメディアは、「3・11」以前と以後とで、時間を分割しようとする。だが、「変わった」「想定外だった」「間違っていた」という変化の言説より、「やっぱり」「思ったとおり」「だから、言ったでしょっ」というひとびとのゆるがない立場を信じよう。3・11以前と以後とで、ふるまいや発言を変える必要のないひとびとの言うことだけを信じよう、とわたしは思うようになった。

こういうひとびとにとって、3・11は事件ではない。予見できた、なのに防ぐことができなかった、ことで否応なしに直面せざるをえない、おのれの非力と無力の証なのだ。

† †

原発は危険だ、でなければなぜ、あんな辺鄙な土地に立地する？

それだけでも、「安全神話」を否定するにはじゅうぶんだった。

反原発派のひとたちのあいだでは、原発が絶対安全なら皇居につくればよい、広大な土地があるのだから、と、あるいは川崎の臨海工業地帯につくればよい、大口電力消費地と近ければ送電線のロスもないのだから、と早い時期から言われてきた。立地だけでなく、検査データの改竄、たびかさなる事故隠し、情報の隠蔽、カネによる誘導、労働者の使い捨て……ありとあらゆる徴候が、「原発は危険だ」と指し示していたはずなのだ。ほんとうに絶対安全ならば……どれも必要のないことばかりだった。

「万が一の危険は？」「想定以上の危機に対しては？」という問いに対して、「ありえないことは、考えないことにしています」という思考停止を、わたしたちは許してきた。

この気分は、「敗けることは、考えないことにしています」と思考停止のまま、敗戦へとつきすすんだ戦時中の日本を思い起こさせる。神風は吹かず、天皇は神を廃業し、神国日本は壊滅した。あとになってみれば自明と思えるような敗戦へのプロセスへ、だれもが口を閉ざしたままなだれこんでいった。まるでレミング（タビネズミ）の集団自殺のように。

敗戦の検証ものの番組を見るたびに、わたしはいつでも吐き気をおさえられない。まさか、こんなばかげたことが、現実に起きてしまうなんて、信じられない……だが、現実なのだ。予想できる破局へと、ひとびとが引き返せない道を歩み続けたのは。そしてだれも、それを止められなかったのは。

8・15と3・11とに、日本は二度の敗戦を迎えた。一度めは、みずからのおろかさによって。

二度めもまた、みずからのおろかさによって。そして、その両者に核エネルギーが関わり、ひと
と国土を壊滅的に破壊した。

† †

わたしは、「やっぱり」派のほうに属する。だが、わたしは何をしただろうか？

3・11以後に、孫正義さんのように何人かの政財界のリーダーや研究者が、誤りを認めた。また、高橋源一郎さんのように何人かの知識人や文化人が、何もしなかったことに反省をあらわした。それに対して、冷笑を浴びせるひともいた。

反省はやらないよりやったほうがよい。それもできるだけ、痛切な、骨を噛むような反省を。

ナチスが登場したときに、「何もしなかった」ニーメラーという牧師が、九死に一生を得て生き残った戦後に書いた、有名な回想がある。

「ナチスが共産主義者を襲ったとき、自分は少し不安であったが、自分は共産主義者ではなかったので、何も行動に出なかった。次にナチスは社会主義者を攻撃した。自分はさらに不安を感じたが、社会主義者ではなかったから何も行動に出なかった。それからナチスは学校、新聞、ユダヤ人などをどんどん攻撃し、そのたび自分の不安は増したが、なおも行動に出ることはなかった。それからナチスは教会を攻撃した。自分は牧師であった。そこで自分は行動に出たが、そのときはすでに手遅れだった」（吉田敏浩『ルポ 戦争協力拒否』岩波新書、2005年）

「何もしなかった」ことは無罪ではない。「不作為の罪」という罪なのだ。

†　†

本稿の依頼は「脱原発社会への提言」というものだ。あまりにも複雑な核開発の技術は、「絶対安全です」という推進派の言い分も、「いや、安全ではない」という阻止派の言い分も、どちらも専門家の言い分を信じるほかない。

代替エネルギーを何に求めればよいか、発電コストや供給の安定性はどうか、電力供給のしくみを地域独占の国策会社に任せることの是非、発電と送電の分離の可否、供給の多様化や細分化の可能性……については、わたしよりも専門家たちがもっと明晰な提案をしてくれるだろう。何を書いても、わたしは彼らの説を受け売りするにすぎない。

しかし、社会学者として、いうべきことはある。

「脱原発社会」をいかにつくるか、という問いの背後には、「原発推進社会」はいかにしてつくられたか、という問いがある。この問いを検証することなしに、代替エネルギーのビジョンをいくら語ってもむだだろう。なぜなら、原発推進にも脱原発にも、集団や社会の合意形成が関わっているからである。

フクシマが人災であるということの意味には、ひとの力でそれを防ぐことができた、という含意がある。現に、事故を起こした福島1～4号機に対して5・6号機は、同じ天災に翻弄されても設計意図どおり運転は「自動停止」となり、致命的な事態には至らなかった。その理由は、老朽化し、耐震設計の基準も甘かった1〜4号機にくらべて、5・6号機は新鋭の安全装置を組込んでいたから、と伝えられる。技術は人間がつくりだすもので、その技術を導入するかどうかは、人間が意思決定する。利用可能な技術がありながら、それを採用しなかったのは、コスト負担や安全神話の崩壊をおそれた東電の側の「人災」である。

だが、技術的な要因ばかりではない。フクシマが人災であるというのは、同じ被災地にありながら、原発の立地に抵抗し、それに成功したひとびとがいるからだ。また全国の各地には、原発の誘致に同意した自治体と、そうではない自治体とがあるからだ。たとえ国策として原発が推進されようとも、地元自治体が同意しなければ、原発の立地は成りたたない。

前者についての克明な研究書が、若い社会学徒の手によって書かれた。開沼博の『「フクシマ」論——原子力ムラはなぜ生まれたのか』(青土社、2011年)である。わざと経済成長からとりのこされた土地をえらび、自治体が原発を選択するように、あの手この手で誘導する。未来と希望を与え、雇用機会と需要をもたらし、地方交付税や補助金漬けにする。この「カネとの闘い」(ある地方の反原発活動家の発言)に勝てる者は、めったにいない。いったんこのサイクルが始まれば、原発依存が嗜癖化し、「もっと、もっと」と増設を求めるようになるプロセスを、開沼は活写する。かれはこのサイクルを、「中毒のようなaddicional」と表現する。

後者については、同じく社会学者たちが、理論研究と事例研究を積み重ねてきた。この分野ではパイオニアの長谷川公一には『環境運動と新しい公共圏――環境社会学のパースペクティブ』(有斐閣、2003年)があるし、中澤秀雄の『住民投票運動とローカルレジーム――新潟県巻町と根源的民主主義の細道、1994-2004』(ハーベスト社、2005年)は、新潟県巻町の住民投票をめぐるすぐれた事例研究である。また、ノンフィクションライター山秋真の『ためされた地方自治――原発の代理戦争にゆれた能登半島・珠洲市民の13年』(桂書房、2007年)は、能登の美しい海と次世代の安全を守ろうとした人たちの、住民を二分するような熾烈な闘いに勝ちぬいた記録である。

これらの研究が「新しい公共性」「根源的民主主義」「住民自治」という用語を用いるのは、偶然ではない。「民主主義」も「自治」も、住民が住民自身の運命を決定する権利の行使だからである。そして歴史の先例が教えるのは、ひとびとは自分たちの社会を破壊する方向へも意思決定をおこなってきた、という苦い事実である。

† †

代替エネルギーのビジョンは登場するだろう。利用可能な技術も、それを運用する処方箋も、あるだろう。だが、もっとも重要なのは、その選択肢を選ぶかどうかについての、集団の合意形成である。

開沼がその著書で言うように、原発は戦後経済成長のアイコンだった。富と成長と、繁栄とへの誘惑に打ち克つのはむずかしい。だが、反原発の立場に立った市民たちは、目先の繁栄より未来の安全、自分の利益より子どもたちの世代の安心をとった。たびかさなる執拗な説得と利益誘導に屈しないで、「安全神話」へのわずかな疑問でもつきつめようと、対抗的な科学者の智恵を借りた。科学者にとって反原発の立場に立つことは、学会の主流から葬り去られることを意味したが、それでもあえてその立場を貫く高木仁三郎さんのような市民派の学者もいたのだ。

何よりも国策としての原発推進を掲げる政党や政治家を、日本国民の多数派は長きにわたって支持してきた。安定した投資先として東京電力の株主にもなってきた。政治に万策尽きて、司法に訴えて運転差し止め請求をおこなったいくつもの市民の訴訟を、日本の司法は会社側の言い分を認め、ことごとく退けてきた。

日本では、立法、行政、司法の三権がともに原発推進策を容認し、財界や金融市場とともに、税金を含む巨額の資金を原発に投資してきたのだ。研究者や専門家もまた、魂をカネで売った。それに加えてメディアもまた、巨大な電力資本という広告主に「買われ」て、批判を黙殺し、原発推進に翼賛してきた。この巨大な政官産学メディア複合に多くのひとびとはのみこまれ、この後戻りできないプロセスの共犯者となってきたのだ。わずかな希望は、それにのみこまれない少数のひとびとが現にいたことである。

提言／14　上野千鶴子
3・11と8・15

この道の果てに来るべくして来た3・11のあと、「脱原発社会への提言」は、節電の呼びかけや代替エネルギーの提案にとどまることはできない。わたしたちが思考停止のお任せ政治、利益誘導の利権政治、成長と繁栄を追い求める覇権政治から、「脱」することが可能かどうかが、問われているのだから。それはわたしたちが自治の名において、民主主義の当事者になれるかどうかの試金石なのだから。

† †

もしこれだけの高い授業料を払ってもなお、日本人が歴史から学ばないとすれば……日本の民主主義への道はいまだ遠し、といわなければならない。

提言／15

宇都宮健児《うつのみやけんじ》

日本弁護士連合会会長

被災者の救済と脱原発の確実な推進を

1946年、愛媛県生まれ。東京大学法学部を中退し、司法研修所入所。1971年、弁護士登録。以後、日弁連消費者問題対策委員会委員長、日弁連多重債務対策本部本部長代行、年越し派遣村名誉村長などを歴任。2010年４月から日弁連会長。著書に『大丈夫、人生はやり直せる――サラ金・ヤミ金・貧困との闘い』（新日本出版社、2009年）、『弁護士、闘う――宇都宮健児の事件帖』（岩波新書、2009年）、『弁護士冥利――だから私は闘い続ける』（東海教育研究所、2009年）など。

３月11日に東日本をおそった大地震、大津波、そして原子力発電所事故。２万４０００人近い犠牲者・行方不明者が生まれ、今なお10万人近くの人びとが避難生活を余儀なくされています。日本弁護士連合会（以下「日弁連」）は震災直後に震災対策本部を立ち上げ、私自身も３月中旬から宮城・岩手・福島の三県の被災地の避難所や老人ホーム、地方自治体などを訪問し、現状を視察しました。家屋や自動車などすべてが流され、松の巨木もなぎ倒してしまう津波の破壊力のすさまじさには言葉を失いました。

日弁連では現在、現地弁護士会や日本司法支援センター（法テラス＝経済的に余裕のない方が法的トラブルにあったときに相談や弁護士費用などを立て替える業務を行う、国により設立された法的トラブル解決のための総合案内所）と共催して、被災者からの電話相談や、避難所を直接訪問して無料法律相談活動を続けています。ゴールデンウィークには、のべ約300人の弁護士が宮城県の90を超える避難所で法律相談を実施しました。これまでの相談件数は1万6000件（2011年5月末時点）を超えています。

日弁連としては、このような相談活動を通じて得られた被災者のニーズに応えるため、被災者のローンの免除や生活支援のためのさまざまな法制度を提言してきました。そのなかで、とりわけ復興の困難を痛感させられているのが、原発事故の被災地の復興です。

宮城県と岩手県では、津波で壊滅的な被害を受けたものの、復興に向けて少しずつ歩み始めています。それに引き替え、福島県では福島第一原子力発電所の事故がいまだ収束しておらず、今も多くの住民が居住地域から遠く離れたところに避難しています。しかも、戻れるめどすら立っていません。原発からある程度離れている福島市や郡山市、いわき市でも、放射能汚染におびえながら不安な生活が続いています。復興の足がかりをつかむことすらむずかしいのが実情です。

このような悲惨な被災者をこれ以上生み出してはならないということが、日弁連の今後の原子力とエネルギー政策の基本であるといえます。

†　†

調べてみると、日弁連は1976年に、原子力を推進する国の政策について抜本的な再検討を求める人権大会決議を採択しました。各地で原発が盛んに建設されていた時期に、これに反対する住民の活動に協力していた弁護士たちの提案に一般の弁護士も賛同した結果です。その後、1983年と2000年にも、原子力政策の転換を求める人権大会決議を採択しました。

2000年の大会が開催されたのは、放射性廃棄物地層処分の研究施設が計画されていた岐阜県です。このときは、原発の新増設はやめ、既存の原発は段階的に停止するという、現在にもつながる政策を提言しました。この提言は、高速増殖炉もんじゅのナトリウム漏洩火災事故(1995年)、動燃東海再処理施設での爆発事故(1997年)、JCO臨界事故(1999年)などが引き続く状況で、ヨーロッパやアメリカなど海外の実情も調査したうえで採択されたもので、ほとんどが今も通用する内容をもっていると思います。内容を具体的に紹介しましょう。

「エネルギー消費削減に積極的に取り組み、再生可能エネルギーの研究・開発のために、公的助成と電力買取義務の制度化を内容とする自然エネルギー促進法を制定する」

「原子力安全規制行政は、アメリカの原子力規制委員会にならって独立行政委員会に一元化するなど、推進官庁からの独立を確保する」

「使用済燃料の再処理を中止し、直接処分のための研究と法制度の整備を行う」

「高レベル放射性廃棄物の地層処分政策を凍結し、(中略)安全な処分方法及び地層処分以外の多様な選択肢のための研究を推進する」

私自身は多重債務など消費者問題に長年取り組んできましたので、これらの政策の詳細は会長に就任してから知りました。福島原発事故が発生した今日の時点から考えると、こうした日弁連の提言は正確かつ先見性があったと胸を張れるのではないでしょうか。それは、弁護士がさまざまな人権問題や環境問題に直面している市民とともに、これらの問題を掘り下げて考えてきたからこそ可能となったのです。私自身あらためて、日弁連は賢明な集団であると感じています。

今年の5月27日の日弁連定期総会では、「東日本大震災及びこれに伴う原子力発電所事故による被災者の救済と被災地の復旧・復興支援に関する宣言」を採択しました。そこでは、被災者に対する相談体制の充実や「二重ローン」問題解決のための債務免除を求める立法措置などを求めるとともに、原子力とエネルギー政策については、これまでの内容を一歩進めています。すなわち、二度とこのような原発事故を繰り返さないために、原発の新増設を停止し、既存の原発は段階的に廃止すること、原子力安全規制行政について原子力政策推進官庁からの独立を確保することに加えて、次の点を提言しました。

①運転開始後30年を経過し、老朽化したものや、付近で巨大地震が発生することが予見されている原発については、速やかに運転を停止する。

②それ以外の原発についても、地震及び津波への対策を直ちに点検し、安全性が確認できないもの（たとえば中部電力浜岡、東京電力福島第二、同柏崎刈羽など）については運転の停止を求める。

③今後のエネルギー政策については、持続可能性を基本原則とするものに抜本的に転換し、再生可能エネルギーの推進を政策の中核に据える。
④石炭火力発電所については、新増設を停止する。
⑤発電と送電を分離し、エネルギー製造・供給事業の自由化を促進する。

発電と送電の分離については、枝野幸男官房長官も検討を示唆され、検討作業が開始されました。これは、新規の事業者の発電事業への参入を容易にし、電力不足の早期解消に役立つだけでなく、東京電力の優良資産である送配電網を国などに売却し、原発事故の損害賠償の原資をつくるうえでも役立つ可能性があると考えています。

† †

最後にもう一度強調しておきたいことは、被災者のみなさんの生活再建が政治の基本的な目的とならなくてはならないという点です。被災地支援を考え、行動する際のよりどころとなるのは、なんと言っても憲法です。私たちが平和のうちに生存する権利、幸福追求権、生存権などの憲法上の権利をどうやって実現していくのかがまさに問われていると、私たちは考えています。

今回の災害では、津波の被害を受けた地域も、原発事故で避難を余儀なくされている地域も、コミュニティそのものが根こそぎの被害に遭いました。長年住み慣れた土地・地域からの避難を強いられている多くの福島県民にとっては、長期の避難は生活・労働・生産のすべての基盤を失うことを意味します。過去の災害に類例を見ない、過酷な災害であるといわなければなりません。

日弁連は、まず放射能汚染を除去して原状回復することが損害賠償の基本であり、東京電力の責任の取り方であると考えています。それがただちには困難な場合でも、地域コミュニティを維持できる避難先を確保し、安定した生活を保障するため原状回復に準じた措置が必要です。

そして、数十万件にも及ぶであろう原発損害賠償についても、その早期解決のための仕組みをつくらなければなりません。これだけの損害賠償案件の解決を東京電力と被災者間の相対交渉に委ねることは、被災者の深刻な精神的なストレスを増すだけです。交渉でまとまらない案件を適切かつ迅速に解決するためには、現在の裁判制度だけでは対応がむずかしいでしょう。

すでに、被災市民から信頼されるに足る裁判外の大きな紛争解決機関をつくるための作業が始まっています。訴訟手続によらずに民事上の紛争を簡易迅速に解決しようとする紛争当事者のために、公正な第三者が関与して、解決を図る機関をつくろうとしているのです。日弁連はこのような機関の設立と運営に関しても法律家として求められている責任を果たし、被災者の確実な救済と新たな原発事故を未然に防止するためのエネルギー・原子力政策の転換という二つの目的のために、全力をあげたいと考えています。

提言／16

原発と有機農業は共存できない

星《ほし》寛《かん》治《じ》

有機農業者・詩人

1935年、山形県高畠町生まれ。就農して57年、米、りんご、自給野菜などの小農複合経営に取り組む。1973年に地域の仲間たちと有機農業研究会を創り、自給の延長で都市の消費者市民と提携活動を推進。かたわら、農民文学誌「地下水」の同人として、詩、エッセイを書く。著書に、『詩集　種を播く人』(世織書房、2009年)、『農から明日を読む』(集英社新書、2001年)、『農からの発想』(ダイヤモンド社、1984年)など。

1　現代の「沈黙の春」におののく

3・11の東日本大震災と大津波が引き金になった福島原発の爆発事故で、周辺地域は底知れぬ不安と恐怖におののいている。かけがえのないふるさとの自然(田や畑、森と海、そして町並み)が一瞬にして放射能に汚染され、ゴーストタウンと化してしまった。その地に育まれてきた歴史、文化、くらし、産業が、科学技術文明の落し子、核の暴力によって奪われたのである。

とりわけ、地域風土のベースを成す豊穣の大地は、住民が気の遠くなるような歳月をかけて培

提言／16　星寛治

原発と有機農業は共存できない

ってきたいのちの母胎であり、カネに代えられない宝物だ。そこに40年前、東京の不夜城を支える電力を生む原発が造られ、安全神話と交付金で自治体と住民を籠絡《ろうらく》してきた。その根底には、「白河以北一山百文」にみる辺境差別の思想があるのを感ずる。

私たちは、その原発が造営された40年前から、レイチェル・カーソンの『沈黙の春』に啓発され、また有吉佐和子の『複合汚染』に励まされて、有機農業に取り組んできた。急激な近代化がもたらした影の部分、いわば化学合成された物質（農薬、化学肥料、除草剤、合成洗剤など）による環境と生命へのダメージをのり越えるもう一つの道を選択し、地域に広げてきたのである。そこには、まだ主体者の価値観と生き方を受容する余地があった。

けれど、今日、私たちが直面する放射能の広範な汚染は、制御不能な核の暴力的な本質を露呈し、住民の選択を許さない。そして、ＤＮＡを傷付け生命を破壊する作用は、すべての生物に及ぶ。つまりは、知的生物を自認する人間の生存の否定につながるのではないか。

地域風土に生息する動物、植物、土壌微生物まで、すべての生命との親和性を大切にする有機農業において、放射能の影響は致命的に深刻である。安全性のリスクから可能なかぎり遠ざかりたいとする消費者市民の心理と、たえず線量を測って明示しなければ何事も始まらない現実との迫間《はざま》で、苦悩が続く。

事故直後、福島県内のすぐれた実績をもつ有機農民が自らいのちを断った。その心情を察して言葉もない。そこに原発事故がなかったら、人びとは自然と共生し、簡素でも平和に暮らしていけたはずだ。

2 再び耕す日のために

水素爆発によって大気中に飛散した放射性ヨウ素131とセシウム137が空気、水、草木、動物に降り注ぎ、各地で暫定基準値を超える線量が検出された。半減期の長いセシウムが降下して土壌を汚染すると、表土を除去しないかぎり農地は耕作できない。学校のグラウンドも利用できない状態に、追い込まれている。

事故の収束に向けて命がけの作業に取り組む人たちに深甚な感謝を抱きながらも、初動対応の誤算から生じた人災的な要因を見抜いている住民の東京電力や政府への憤りと不信、そして悲嘆は、はかり知れない。強制的に避難させられた人びとのふるさと回帰の切なる願望が一日でも早く果たせるよう、祈ってやまない。

そして、同じ農民の目で、どうすれば再び耕すことができるのか、思いをめぐらすのだが、決め手になる打開策は見えてこない。本来、作物を育てるのに必要な耕土は地表から20㎝ぐらいである。有機農業は、その部分を熟土に変えるために膨大な汗を流してきた。その表土に放射性同位元素が高い濃度で集積しているとすれば、大規模な国家プロジェクトで表土を剥いで除去し、さらに客土するほかはない。これまでの土づくりがまったく徒労になるとしても、開拓者のようにゼロからの出発である。同時に、土壌浄化の機能については、米沢市板谷《いたや》などから産出される白鉱石ゼオライトの効果が注目される。

また、チェルノブイリの事例では、日本のNGOが土壌中の放射性セシウムの移行係数の高い菜種やヒマワリを栽培し、青刈りして発酵させ、容積を少なくして処分する方法で除染を促進させていると伝えられる。いずれも油糧種子なので、バイオエタノールの原料として活用できないだろうか。

水田には多収性の飼料米を作付け、家畜の餌にではなく、同じくエタノールの原料に供すれば、農家は水田稲作を維持しながら、エネルギーの地産地消にも貢献できることになる。農水省が公表した複数の調査資料によれば、土壌から玄米への移行係数は0・1程度だといわれている。作付制限が課せられているkgあたり5000ベクレルをやや超える田んぼでも500ベクレルほどになるから、国の暫定規制値をクリアできるのではなかろうか。

いずれにせよ、地域の農林漁業者の生存権を奪った東京電力の責任は重大であり、原発を国策として推進してきた国家責任もまぬがれない。これ以上の環境破壊と生活苦を阻止して、市民に安寧をもたらしてもらいたい。何よりも、未来を担う子どもたちや若者の健康不安を解消し、「身土不二」のゆたかさを取り戻すために、徹底した調査と情報の開示が求められる。そして、「美《うま》し国ふくしま」の桃源郷を回生させるべく、国は全力を尽くしてもらいたい。

もちろん、主体者である住民と自治体は、持ちまえの英知と底力を発揮して、未曽有の受難をのり越えようと立ち上がっている。個人レベルでも、目に見えない被曝に対処して、食の機能性に着目する仲間がいる。たとえば、ヨウ素を含む海藻を多く摂る和食習慣を定着させ、放射性ヨウ素をガードする、焙煎玄米と味噌汁を混ぜて食膳に加えることで排泄を促す作用を期するなどの事例もある。あるいは、ＥＭ菌などの土壌菌を繰り返し施用すると除染効果が認められるという人もいる。

ただ、そうした対症療法で、絶望的な状況を根本的に打開できるとは思えない。国をあげて、いや世界の英知を結集して、明日につながる道を探求してほしいと願うばかりである。

３　脱原発へ市民自治の力を

１９４５年、今から66年前の夏、私たちはヒロシマ・ナガサキへの原爆投下によって、空前の悲劇を体験した。そうした日本国民が平和利用とはいえ核の脅威を内在する原発を容認し、地震列島の上に54基も造営し、輸出まで目論む原発大国になったこと自体信じられない、と外国の識者は指摘する。痛切に胸にこたえる発言である。

１９９８年秋にアメリカ西海岸を歩いたとき、ヨセミテ国立公園に向かう途中で、モンタナ峠の丘陵の背に、延々と連なる風車の隊列に出合った。その４千数百基の風車は、スリーマイル島の原発事故を契機に、カリフォルニア州のサクラメント市民が起こした脱原発の住民投票に勝利し、自然エネルギーへの道を選択した象徴的な風景であるという。

チェルノブイリ後には、北欧、西欧諸国で環境意識が急激に高まり、デンマークやオーストリアなどでは、再生可能なエネルギーへの転換をほぼ達成したと伝えられる。また、このたびのフクシマの衝撃でドイツは脱原発に舵を切り、２０２０年までに全廃して自然エネルギーに重心を移すと宣言した。スイス、イタリアなども、それに続く趨勢だ。

ところで日本は、福島原発の大事故が収束の目途が立たず、東日本一帯に深刻な影響が広がる苦悩のさ中で、ＥＵ先進諸国のように明確な決断ができず、政財界の有力者の多くは原発推進の姿勢を変えようとしない。その国民意識との落差に唖然とする。国策を一気に変える環境が伴わないなら、まず原発立地の地域住民が立ち上がり、直接請求で脱原発の意志を明確にし、自治体を変える行動を起こすほかはない。半径１００㎞圏内の市町村が連携すれば、県の政策転換を促す力になり得る。サクラメント方式から学ぶべき点は多い。

日本列島は急峻な地形を渓流が数多く流れ、水力発電の資源に富む。また、既設のダムや、大小の河川、そして用水路からさえ発電できる技術が開発されている。さらに、風力、太陽光、地熱、バイオマスなど再生可能な自然エネルギーの宝庫である。地域の風土にもっとも適合したあり方を組み合わせて、安心して住み続けられる社会を創りたいものである。

4 簡素で心ゆたかに生きる幸せ

福島浜通りの避難地区で、牛舎につながれたまま衰弱死していく乳牛の姿に、飼主は胸をえぐられる思いであったろう。避難指示を出す国や行政の側に、動物も人間も同じ生き物なのだという発想が欠落しているのではないか。動物福祉について意識の高いドイツなどで同じ状況に置かれたら、人と同じく安全な場所への移動を促すだろう。

一方、搾乳の必要のない和牛が柵を越えて飛び出し、群を成して野を闊歩する様子は、一つの救いであった。たくましい生命力の発現である。

ゆたかな自然と四季のめぐりのなかで生かされてきた農林漁家にとって、いのちのつながりこそがすべてである。それを核の暴力によって奪い去る権利は、資本にも国家にもない。だから、人びとの生存基盤を支える主体者である私たちが声を上げ、パラダイムの転換を図るために行動しなければと思う。核燃料廃棄物の山を築き、子孫にぬきさしならない負の遺産を残す原発はすべて廃炉にし、経済よりもいのちと環境を優先する道を選択したい。

誇り得るふるさとを再生・復興するためには、天恵の風土に営まれてきた農林漁業を力強く立て直し、内発的発展のベースを生成することが不可欠である。食糧基地東北の役割と比重は、これからもますます重い。

個々の暮らしや生き方については、便利で快適な消費生活に安住せず、意図的にそこから足を抜く努力をしながら、簡素で心ゆたかなライフスタイルへと転換することだと思う。成熟社会の価値観は、むしろそういうありように本当の幸せを見出しつつある。

3・11以後、私たち日本人の意識が大きく変わったのを感ずる。科学技術の進展によって構築された高度産業社会が、うたかたの夢であったことを知らされた今、自然に対する畏敬の念を取り戻し、健康で当たり前の日常がどれほど大切なものかに気付いた。

本当の人間復興が始まるのは、むしろこれからだと思うことしきりである。

提言／17

次代のために里山の再生を

菅野《すげの》正寿《せいじ》

有機農業者

1958年、福島県二本松市旧東和町生まれ。農林水産省農業者大学校卒業後、農業に従事。現在、水田2.5ha、野菜・雑穀1ha、雨よけトマト14 a、農産加工（餅、おこわ、弁当）による複合経営（あぶくま高原遊雲の里ファーム）。NPO法人ゆうきの里東和ふるさとづくり協議会理事、ふくしま東和有機農業研究会副会長、福島県有機農業ネットワーク代表。

1 30年目の春

「福島県産野菜の摂取制限の翌朝、須賀川市で有機農業30年の男性が自殺」という3月下旬の新聞記事に、私は愕然とした。さらに、6月には相馬市の酪農家の男性（54歳）が、「原発さえなければ。残った酪農家は原発にまけないで」とメッセージを残して命を絶った。

私が東京からふるさとに戻り、農業を始めて30年になる。ここ福島県二本松市旧東和町は阿武隈山系の西側に位置し、東京電力福島第一原発から約50㎞離れた中山間地域だ。かつては養蚕、和牛、葉タバコ、稲作が盛んで、1970年代なかばには繭の年間生産額が12億円に達した。まさに「お蚕さま」と言われる所以である。

朝、日の出前から蚕小屋に行き、桑を採り、夜遅くまで蚕の面倒をみる。上族《じょうぞく》（蚕が繭を作る）のときは近所のおばさんが何人も手伝いにきて、猫の手も借りたい忙しさだ。小学校のときも中学校のときも、「上族だから早退してこい」と学校に電話がかかり、泣く泣く坂道を帰った。夏休みには、植林をした杉の下草刈りに長い鎌を振り回して、汗がぼたぼた落ちた。父は冬は出稼ぎにも行き、私たち5人の兄弟を育てあげる。当時は山の木を切れば収入となり、高校・大学へと進学させてくれた。

しかし、輸入農産物の増加とともに、木材、生糸、牛肉などの価格が暴落していく。私が農業を始めた1980年ごろは、「これからは農業では食っていけない」という風潮だった。そのころ盛んだった青年団活動に没頭していた私は、先輩や仲間とともに、出稼ぎに頼らない農業で生きる道を模索し、夜遅くまで議論する。そして、地域ぐるみで有機農業に取り組む山形県高畠町の生産者や安全な食べものを求める消費者と出会い、「少量多品目栽培で、質のいい安全な農産物を消費者に届けよう」と、仲間とともに有機農業研究会を設立した。1985年のことだ。

もともと牛の堆肥があり、蚕のために農薬はあまり使用しないという、化学肥料と農薬に頼らない風土であった。しかも、春の山菜、夏野菜、秋のきのこに大根・里いも・雑穀、冬は漬物・

納豆・餅など、四季折々の里山の恵みと先人のくらしの技がいきづいている。なにより、出稼ぎに頼らず、企業に振り回されず、風土を活かして「百姓がより人間らしく生きたい」との思いが強かった。

農薬や化学肥料を使用しない農業は悪戦苦闘の連続で、経営的にも苦しい時期が続く。それでも、堆肥づくりやぼかしづくり、木酢や焼酎の葉面散布などの研究を仲間とともに重ね、地元のコープふくしまや千葉県の生協、学校給食など、少しずつ顔の見える産直が広がった。私自身は、20代は青年団活動に、30代は産直に飛び回る日々を過ごす。同時に、「変わり者の有機農業」ではなく、地域全体に広めなくてはとの思いから、地域のなかで女性や高齢者にも声をかけた。そして、初めから無農薬・無化学肥料でなくても、土の状態や天候によっては減農薬・減化学肥料も認めながら進もうと話し合い、消費者の理解も得られていく。

2　桑に輝きを

東和町がかつて属した安達《あだち》郡は岩代《いわしろ》の国といわれたように、岩盤が固い。東日本大震災でも、一部で地盤が下がったり墓石が倒れたりはしたが、家屋に大きな被害はなかった。歴史上も海に沈んだことはない。だが、赤土の砂壌土が多く、肥沃ではない。だから、先人は土づくりのために、蚕や牛の糞、草を大事にしてきた。平らな土地は一坪でも耕して水田にし、急な斜面は桑を植え、野菜を作り、炭を焼き、生計を立ててきた。農地には、斜面を這うように耕してきた先人の汗と涙がしみ込んでいると思えてならない。住宅地や工業用地や商業地と農地は違うのだ。

1990年代に首都圏から押し寄せたゴルフ場や産業廃棄物処理場の反対運動に立ち上がったのも、有機農業生産者である。「ふるさとの自然を守る会」を発足し、人口7500人の町で4000人の署名を集め、10年かけて撤退させた。そのとき古老に言われた言葉が忘れられない。

「山を荒らしておくのが自然ではない。山は手入れをしてこそ里山なのだ」

また、私の祖母はこう言った。

「田畑が荒れれば心も荒れる。昔は桑の木を植えるのに補助金が出たが、今は桑を抜くのに補助金が出る時代になった」

考えてみると、田畑が荒れるなかで、学校が荒れ、健康も乱れてきたように思えてならない。

現在、全国に40万haもの耕作放棄地が広がっている。これは埼玉県の面積よりも大きい。福島県には約2万haの耕作放棄地があり、輸入農産物の増加に比例するように拡大している。福島県内屈指の養蚕地帯であった旧東和町でも、桑畑の耕作放棄地が300haを超えた。

こうしたなかで、桑に含まれる特有な成分であるDNJ（1―デオキシノジリマイシン）が発見され、桑は古くて新しい健康食品として注目され始める。このDNJが血糖値の上昇を抑えることが科学的に証明され、桑の葉に付加価値をもたらした。2000年に農家（東和町桑薬生産組合）と旧東和町と健康飲料会社が一体となり、桑の葉のパウダーの商品開発に取り組んだ。もう一度桑に輝きを取り戻したいという農家の強い思いがあり、初年度は12tの生の桑を加工。さらに、桑パウダーを地元のお菓子屋さんがまんじゅうや飴玉、羊羹に使い、特産品が生まれていく。

一方で、2003年に有機農家と牧場と企業が出資して「ゆうきの里東和地域資源循環センター」を設立した。土づくりのベースである良質の堆肥がなかったからだ。毎日500頭の肥育牛から出る牛糞にもみ殻と発酵菌を入れて1次発酵させ、そば殻と発酵鶏糞で2次発酵させる。さらに、食品残渣（野菜くず、かつおぶし、おから、ふすま、漢方しぼりかす、飴玉など）で3次発酵し、熟成（4次発酵）まで半年以上を要する完熟堆肥である。14種類の地域資源を活用したミネラル豊富なこの「げんき堆肥」は、多くの農家の土づくりの土台となった。

3　地域づくりのＮＰＯ法人の設立

旧東和町は「平成の大合併」で2005年に二本松市・安達町・岩代町と合併して、二本松市の一部となる。私たちは、合併によって過疎に拍車がかかるのではないかという危機感をいだいた。そして、「これまで積み上げてきた、旧東和町の有機農業、特産品づくり、都市との交流などを発展させたい」との思いから、有機農業生産者と商業者が中心となって、合併の2カ月前に「NPO法人ゆうきの里東和ふるさとづくり協議会」（以下「協議会」）を設立する。翌年には、道の駅ふくしま東和の指定管理を受託した。

これからは、行政にできること、民間企業にできること、住民主体でできることをそれぞれが尊重しあい、ともに地域の課題に取り組む時代である。私たちは、中山間地域だからこそ地域資源を活かした循環型のふるさとづくりが大事だと考えている。

現在の協議会の会員は260名、理事19名、職員パート24名。道の駅ふくしま東和を担いながら、桑を中心とした特産品づくり、学校給食、首都圏との産直、新規就農者の受け入れと都市との交流、環境・健康事業などを展開している。直売、食堂、アイスショップ、加工（ジャム、漬物）、体験交流室を運営し、事業高が2億円に達するまでになった。桑の生産量は、葉が50t、実が2tだ。桑茶、桑の実ジャム、桑の実リキュール、野菜ジェラートなど特徴ある道の駅として、福島県外から訪れる人も少なくない。

こうして、「♪山の畑の桑の実を小籠に摘んだはまぼろしか」と童謡「赤とんぼ」に唄われた、桑畑と棚田と赤とんぼの舞うふるさとの原風景が蘇ってきた。農水省を30代で退職した夫婦、大手家電メーカーを40代で辞めて道の駅で働く夫婦など、新規就農者も16組20名を数える。

4　人も土も里山もずたずたにされた

地域コミュニティと農地と山林の再生を柱とした里山再生プロジェクトに取り組んで3年目に、東日本大震災と原発事故が襲った。私たちが掲げてきた「人の健康、土の健康、地球の健康」は、原発事故と放射能汚染によってずたずたにされたのだ。

福島第一原発が1号機に続いて3号機も爆発した直後の3月15日、浪江町からの避難者3000人が二本松市に入り、東和地区では1500人を受け入れた。住民センター(公民館)や体育館など10カ所が避難所となったが、3月中旬は夜は氷点下となり、ことのほか寒い。すぐに協議会の役員会を開き、被災者支援について話し合い、大型暖房器具8台を体育館に提供した。

昨年就農した長女の瑞穂は翌日、住民センターにかけつけ、避難者の声を聞いて、ジャンパーやセーターなどを家族に呼びかけて運び込んだ。妻は保存しておいた大根をおでん風味に煮込んで、大きなバケツに3つ提供し、一家で味おこわも作り続けた。道の駅ふくしま東和でも、原発と停電の不安のなか営業時間こそ短縮したものの、避難者や地域住民に、おにぎりや総菜を販売した。避難所では、婦人会や赤十字奉仕団はじめ地域のボランティアの輪が広がる。しかし、ガソリンや物資が不足し、思うようには行動できない状況になっていく。

提言／17　菅野正寿
次代のために里山の再生を

3月19日からは毎日、二本松市の防災無線で流される環境放射能線量測定値に右往左往する日々が続いた。この日の数値は6マイクロシーベルト／時間だ。

そして3月25日。「農事組合長たより」で、耕転作業と作付延期の指示が出された。隣の本宮《もとみや》市では、くきたち菜から暫定規制値の7・5倍の放射性ヨウ素、１６４倍の放射性セシウムが検出される。私はこの数値に、驚きと同時に恐怖さえ感じた。私たちが力を合わせて再生してきた、農地も里山も汚染されてしまったのか。悔しさと怒りと苦悩が襲った。

季節は、ジャガイモの植付けや堆肥を撒いて田畑を準備する、まさに耕す春だ。にもかかわらず、田んぼにも畑にも人のいない、子どもたちの声すら聞こえない、「沈黙の春」となった。見えない放射能に息をひそめる状況が継続する。

4月12日、土壌の再検査の結果、二本松市の放射性セシウムは３００～１０００ベクレル／kgと発表され、ようやく耕作が可能となった。だが、農家の不安と戸惑いはおさまらない。原発事故からほぼ1カ月が経って行われた協議会の生産者会議には１００名が、桑の生産者会議には全員が参加して、口々に不安を訴えた。

「露地野菜が出荷制限されているなかで、何を作ればいいのか？　自分の畑はどれだけ汚染されているのか？　どれくらい耕せるのか？」

それらを心から受けとめたうえで、私たちは次のように提起した。

「それでも、種を播いて、耕して、作ろう。前に進もう」

久しぶりに会ったお互いの顔が、少しずつ元気を取り戻していくように思われた。

5月に入り、ようやく田んぼからトラクターの音が聞こえ始める。野菜の出荷制限がなかなか解除されないなか、前向きに種を播きつつ、損害賠償の説明会も開催された。集落に鳥の鳴き声、カエルの鳴き声と、田畑を耕す光景が見られるようになる。

環境放射能線量測定値は、4月に2マイクロシーベルト、5月には1マイクロシーベルトに下がる。だが、自分の田畑がどれくらい汚染されているのか、実態が見えない。琉球大学機器分析支援センターの協力のもと、5月に入って土壌検査を実施できた。我が家の田んぼでは452ベクレル／kg。国の作付制限値の5000ベクレルを大幅に下回った。ところが、約300m離れた畑の値は4518ベクレルと相当に高い。耕してはいない、草の中から採取した土だ。一日も早い原発事故の収束を願うばかりである。

5　里山再生復興プロジェクトで前に進む

こうした状況のもとで、協議会では「里山再生復興プロジェクト」を計画した。農地、山林、河川の放射能汚染の実態の調査と分析を進め、浄化と改良技術、安全な農産物を提案する3カ年計画である。日本有機農業学会はじめ、大学関係者と専門家の力をお借りする。

地域の主人公は地域の住民だ。決して国や県ではない。自らの力で復興計画を組み立てなければならない。有機物(腐植)、粘土鉱物、カリ成分に放射能物質の抑制効果があるとするならば、私たちは日々、自らの農地で検証するしかない。チェルノブイリとは気候も風土も違う。温帯モンスーン気候の日本の、この福島で、放射能と向き合うのだ。堆肥に使う落ち葉にしても、きのこに使う原木にしても、浄化と再生に取り組むしかない。

30年後、50年後の次代の子どもたちのために、いまを耕し、土と里山と向き合わなければならない。なにより、子どもたちの命と健康が最優先されなければならない。ところが、基準値の曖昧さと実態の見えない現状が子どもとお母さんの不安を増幅させる。地元農産物を子どもたちに食べてほしいと実現させた地産地消の学校給食は、自粛という苦渋の決断をした。その重さを、少なくとも50代以上の首都圏の消費者は受けとめてほしい。

6　東北農民の思い

東北の農民は、第二次世界大戦前は農民兵士として戦地へ送られた。戦後の高度経済成長期は、高速道路に高層ビルに新幹線に、出稼ぎという労働力として、家族を養うためにふるさとを離れ、ぼろぼろになって働いてきた。阿武隈山系出身の詩人である草野比佐男氏は、詩集『村の女は眠れない』(梨の木舎)で、こう詠んだ。

「女の夫たちよ　帰ってこい
それぞれの飯場を棄ててまっしぐら　眠れない女を眠らすために帰ってこい
横柄な現場のボスに洟ひっかけて出稼ぎはよしたと宣言して帰ってこい
男にとって大切なのは稼いで金を送ることではない
女を眠らせなくては男の価値がない
女の夫たちよ　帰ってこい
一人のこらず帰ってこい
女が眠れない理由のみなもとを考えるために帰ってこい
女が眠れない高度経済成長の構造を知るために帰ってこい
(中略)
帰ってこい　帰ってこい
村の女は眠れない
夫が遠い飯場にいる女は眠れない
女が眠れない時代は許せない

許せない時代を許す心情の頽廃はいっそう許せない」

草野氏は出稼ぎに行った男たちに警鐘を鳴らし続け、そういう時代を許している農民の心にも杭を打ち続けた。それは、いまの私たちへの警鐘でもある。

原発で計画的避難区域となった飯舘村の有機農業の仲間が言う。

「飯舘村は気流の関係で冷害の常襲地帯だった。何年かに一度は冷害に遭い、貧しかった。原発もないし、企業もこない。働く場がないから出稼ぎにも行った。そして、貧しさから這い上がるため、米プラス野菜プラス牛プラス花など、村ぐるみで飯舘ブランドをつくりあげて、やっと軌道にのってきたところだったのに……」

米も野菜も、東北の農民が首都圏の食卓をまかなってきた。夜のない東京の電気も、東北からである。だが、日本人はアメリカかぶれをして輸入加工食品にかぶりつき、子どもたちを免疫力の弱い体にしてしまった。

いまこそ大量生産・大量消費の構造から脱却し、米を真ん中にすえた日本型食生活と文化を取り戻すときだ。作り続け、食べ支えることをとおして、里山の恵みに感謝し、持続可能なエネルギーを地域分散型で構築し、この原発事故を起こした日本のあり方を変えなければならない。「田畑が荒れれば心も荒れる」を肝に銘じて、地方住民も都市住民も、ともに再生のために歩んでいこう。

提言／18

天国はいらない、故郷を与えよ

明《あけ》峯《みね》哲《てつ》夫《お》

農業生物学研究室

1946年、埼玉県生まれ。北海道大学大学院農学研究科博士課程中退。消費者自給農場「たまごの会」の創設運動に参加して以来、一貫して自給にこだわり続けるとともに、人間と環境、人間と生物のあるべき関係について考察してきた。2011年よりNPO法人有機農業技術会議代表理事を務める。著書に、『ぼく達は、なぜ街で耕すか』（風涛社、1990年）、『都市の再生と農の力』（学陽書房、1993年）、『街人たちの楽農宣言』（編著、コモンズ、1996年）。

1　裏切りの「革命」

1917年「ロシア十月革命」。この革命の指導者だったレーニンは、農民たちに「約束」していた土地解放を高らかに宣言しました。それまで領主に帰属していた土地はすべて、国家のものになったというのです。一方、当時ロシアの全人口の80％を占めていた農民たちは、農奴解放令（1861年）以来、すでに大地主の土地を農村共同体へ接収する「農村革命」を独自に展開し、自分たちの「革命」を新政府は当然支持してくれるものと期待していました。

ところが、あくまでも都市労働者によるプロレタリアート革命を志向する新政府には、農民の姿は伝統的な農村共同体にしがみつく〝反動〟としか映りませんでした。レーニンの頭の中は、農業を集団化・大規模化し、農民たちを〝プロレタリアート化〟する構想でいっぱいだったにちがいありません。革命の翌年、彼の指導のもと国営農場の建設が始まりました。農業の集団化は、農村共同体の解体、つまり農民たちが故郷を失うことを意味します。

このときロシアは、連合国の一員としてドイツ・オーストリアとの戦いの只中にありました。第一次世界大戦です。ただでさえ戦禍で疲弊した農村に、新政府は都市住民向けの食糧供出を強制し続け、農村は厳しい飢餓に襲われます。都市を優位に据え、農村をそれに従属するものと考えるのは、新政府の本音でした。「革命」は、もともと農民たちを裏切るものだったのです。

この当時のロシアに、セルゲイ・エセーニンという農民詩人がいました。帝政ロシア末期の1895年、貧しい小作農家に生まれたこの若者も、「革命」に希望を抱く一人でした。しかし、それはすぐに絶望に変わります。「天国はいらない、故郷を与えよ」というのは、そのエセーニンの言葉です。彼の言う「天国」とは、明らかにレーニン流の社会主義革命のことでしょう。彼は「革命」に絶望したまま30歳で自死しました。

農業の集団化・大規模化は、1930年代のスターリンの時代に本格化します。農民たちは、故郷から大農場の労働者へと駆り出されました。レーニンの「約束」は最終的に反古《ほご》にされたのです。ソビエト政府はその代償として、農民たちに小規模な「自留地」を与えました。農民たちは集団農場から給与を得る一方、自留地で家畜を飼い、ジャガイモを栽培し、かろうじて農的くらしを維持します。

この「自留地」はその後〝休息・創作の場〟として政府官僚や芸術家たちに、さらには〝庭つき別荘〟として一般都市住民にも与えられることになりました。現在ロシアで広く普及している「ダーチャ」と呼ばれる市民農園は、この「自留地」がその起源です。ソビエト政権崩壊（1991年）直後の混乱期、ロシアの人びとはこの「ダーチャ」を拠点に飢えをしのいだと言われています。ロシア語で「与えられた」という意味の「ダーチャ」は、人びとがソビエト政権から与えられた唯一の本物の「天国」だったのかもしれません。

2 故郷喪失

レーニンやスターリンにより導かれた「天国」は、「働きに応じた平等な分配」を人びとに約束するものでした。一方、もう一つの「天国」が20世紀の人びとに用意されます。それは「自由競争による富の蓄積」を約束する資本主義です。しかし、この「天国」でも農民たちは故郷を追われます。

資本主義の牙城アメリカ合衆国などでは、さまざまな人びとの故郷喪失が連動していました。第二次世界大戦後の合衆国南部。戦後20年間に1100万人もの農民が故郷を離れたと言われています。彼らの行き先は国営農場ならぬ都市でした。合衆国南部の農業は、大規模な農地で多くの労働者を使い、単一作物を栽培する、特殊なプランテーション農業でした。17世紀初頭、イギリス人が東部のヴァージニアに入植し、プランテーションは始まります。ヨーロッパの故郷を後にした人びとが、アメリカ先住民の故郷を奪うことで、この農業はスタートしたのです。

彼らが最初に手掛けたのはタバコでした。プランテーションでは、栽培も収穫もすべて手作業です。農地面積を拡大すれば生産量が増加しますが、それにはさらなる労働力投入が必要です。農場の労働力は、貧しい白人と、故郷アフリカから強制連行された黒人たちでした。ヴァージニアに初めて黒人が連れてこられたのは1619年。1664年には「黒人法」が制定され、黒人を無賃金で一生使役する〝奴隷制度〟が合法化されました。

通常の農業では、生産性を向上させるには地力や作業効率の増進を図ります。一方、南部のプランテーション農業では、生産性の向上はひたすら農地と労働力の拡大により行われました。それには黒人の労働力を搾取し、先住民から土地を収奪することが不可欠です。二つの故郷喪失が連動し、プランテーションを支えました。

19世紀に入ると、ワタがタバコを抜いて主要な作物となり、盛んにヨーロッパに輸出されます。

18世紀末には綿繰機が発明され、効率は人力の50倍に上昇したと言われました。こうして、合衆国南部は〝綿花王国〟の時代をむかえます。

南北戦争(1861～65年)後、黒人奴隷は〝解放〟されました。ちょうどロシアで大地主から農奴が〝解放〟されたころのことです。それでもプランテーションは揺るぎませんでした。伝統的な農村共同体の基盤があるロシアと違い、黒人や貧しい白人は戻るべき故郷がなかったからです。彼らは小作人や労働者として大規模農園を支え続けました。ところが、その〝王国〟も20世紀に入ると傾き始めます。

1892年にテキサス州で綿実を食い荒らす害虫が発見され、1920年代にはその被害が南部全域に拡がりました。当時、効果の高い有機系殺虫剤はありません。このころには連作障害による地力の疲弊も深刻化していました。さらに、40年代に入ると国外で生産される綿花との価格競争が激化し、それに敗北。第二次世界大戦が終わるころには〝綿花王国〟は衰退し、大量の小作人と労働者は〝故郷〟を後にし、都市に流れ込むほかなくなったのです。

離農をさらに加速したのは、戦後に始まる綿花栽培の技術革新、つまりは機械化・化学化でした。1945年にコットン・ハーヴェスター(収穫機)が開発されます。この機械は一台で500人分の作業をこなしました。続いて除草剤(2,4Dなど)が開発され、人海戦術による除草作業は必要なくなりました。DDTやBHCなどの合成殺虫剤も普及し始めます。

戦後の連邦政府の農業政策は、農業を労働集約型から資本集約型に変更させるものでした。こうして、合衆国農業は大規模化・機械化・化学化をスローガンとするアグリビジネスへと「革新」されていきます。戦後起きた人びとの大規模な故郷喪失は、まさに〝農業革命〟ともいうべき大きな地殻変動の結果でした。

3　日本列島で

合衆国生まれの農業革命はヨーロッパにも波及します。もちろん、彼《か》の国の「国営農場」でも機械化・化学化革命は積極的に取り入れられました。

日本列島での「農業革命」は、1961年に制定された「農業基本法」による近代化農政に従い進行します。当時この国は国の成り立ちとして、産業構造を工業化し、社会全体を都市化する高度経済成長路線を模索していました。近代化農政とは、この国づくりを遂行させるための農業・農村再編政策です。農村は工業化・都市化のための人材や土地の供給源と位置づけられ、多くの農民たちが工業労働者、都市労働者として故郷から離れていきました。そして、工場、道路、鉄道、住宅などの用地として多くの農地が消えていきます。

一方、工業産品の輸出を支えるため、その見返りとして小麦、大豆、飼料穀物（トウモロコシなど）などの農産物が大量に輸入されることになりました。こうして、日本列島から麦や大豆の畑が失われます。その代わりに村々には、輸入飼料で餌付けされた牛、豚、鶏の大群が出現しました。大規模加工畜産の登場です。ここで生産された肉、乳、卵は都市に送られ、そこで暮らす人びとはこれまで経験したことがない〝豊かな食生活〟を満喫することになりました。

近代化農政はさらに、故郷に暮らす農民たちに、〝選択的拡大〟を強制します。麦や大豆などを栽培する畑作の代わりに、畜産と園芸が推奨されたのです。畜産は輸入飼料の消費が目的でした。園芸は、海外からの輸入が困難だった野菜や果実などの生鮮食料を生産するのが目的です。

わずかな数の家畜を飼育しながら、多様な作物を少量ずつ栽培する有畜複合農業は、〝時代遅れ〟とされました。農家はキャベツや大根など特定の作物だけを大規模に生産するようになります。そのためにはトラクターなどの大型機械が必要です。一方、庭先から家畜の姿は消え、家畜の糞を堆肥にして畑に還元する農法は廃れていきます。畑にはもっぱら、購入した化学肥料が投入されることになりました。

選択的拡大路線を選んだ農家は、さまざまな資材を購入しなければ営農できません。そのための資金が必要です。さらに、自動車や電化製品など、農村にも都市並みの〝豊かな生活〟が宣伝されました。農家のくらしも現金なしには成り立たなくなります。一方、資金がないため選択的拡大の道を選べなかった多くの農家は、現金収入の道を農業以外に求めざるをえなくなりました。農業だけでは食えない時代が到来したのです。彼らは農閑期になると、故郷を離れ、出稼ぎに行きました。おもな職場は、ダムや道路などの建設現場です。

やがて農村周辺にも工場団地などが誘致され、そこへのアクセス道路網も整備され始めました。出稼ぎに出ていた農民たちは、これらの公共工事現場に従事するようになり、さらに地元企業に正規の労働者として雇われることになります。故郷にいながら収入を得られるようになったのです。その結果、営農はもっぱら週末中心となりました。兼業の道を選んだ農家にとっても、省力のため農業機械が不可欠となります。

そして、工業化を支えるため、海外から大量の原油が輸入され始め、木炭や薪は廃れました。燃料革命です。１９６４年には木材の輸入が全面自由化され、海外から安価な木材が国内に入り、故郷の森や林の経済的価値は大きく下落していきます。すでに62年には、生糸の輸入も自由化されていました。農家の重要な現金収入源だった養蚕は斜陽となり、山の斜面を覆っていた桑畑は無用のものとなります。こうして、零細な山村で過疎化・高齢化が一気に進行したのです。

悪いことに、農家にとって頼みの米も１９６０年代後半には余り始めていました。日本人の食生活は輸入穀物に依存するものへと変質していたからです。70年に減反政策がスタートします。日本列島に暮らす農民に米を作るなというお触れが出るのは、前代未聞の出来事です。その後、米価は低迷し、農家の収入はいっそう切り詰められていきました。

近代化農政が演出した「農業革命」とは結局、日本列島の農業を解体し、農村を疲弊させるものでした。そして、故郷の田園は荒れ果てていきます。

そんな「革命」のさなか、福島県の海沿いのある出稼ぎの町に大規模な事業所が誘致されました。その着工は1967年のことです。疲弊した故郷の再生を願う人びとの目には、それは雇用の創出と村の活性化を約束する「天国」として映ったにちがいありません。この事業所は「東京電力福島第一原子力発電所」と呼ばれました。このとき事業主やそれを後押しする政府が発した「絶対安全」という言葉は、当時の人びとの多くには疑いようもないものとして響いたのです。

4 「天国」の時代の終わり

故郷を追われた人びとが辿り着いたのは都市でした。そこは安全、快適、利便な空間として人びとを魅了します。ところが、この「天国」は自らが必要とする食料やエネルギーをほとんど自給できません。

都市空間内に残されていた農地は、人口の増加とともに姿を消しました。膨張する都市は、まるでアメーバのように、都市の重要な食糧基地であった周辺部の農村を侵食していきます。農という営みを自ら放棄した都市は、食料を遠隔地からの輸送に依存せざるをえません。トラックで、航空機で、巨大都市には四季を問わず、日本中の、世界中の食料が運び込まれています。

巨大都市は昼夜を分かたず、人の賑わいであふれかえっています。賑わいを維持するには膨大なエネルギーが必要です。煌《きら》びやかな照明、オール電化の高層マンション、地下深く展開する商店街、唸り続ける空調設備、分刻みで走る電車、立ち並ぶ終夜営業の店……。

この「天国」を支える膨大な電力を生み出す発電所は、火力発電所の一部を除き、すべて都市から遠隔の地に建設されました。遠い山間の村から、遠い海沿いの町から、長い長い送電線によって電気は届けられます。彼の福島県の町に建設された発電所の電力も、もっぱら首都圏に送られるものでした。この巨大な「天国」を支える原子力発電所はいつのまにか3カ所、原子炉の数は17基にもなっていました。

こうして都市は農村を支配し、そこを自らの兵站基地としました。都市の優位、農村の従属という考えは、レーニンの時代から今に至るまで、揺るぎない人類社会の法則と化したようです。しかし、「国営農場」を「天国」と考える社会でも、「巨大都市」を「天国」と考える社会でも、故郷に生きようとする人びとにとっては、それらは決して「天国」ではありえなかったのです。

1991年にソビエト政権が崩壊しました。この巨大な「平等社会」を支配してきたのは、膨大な官僚群です。官僚支配は国営農場の労働者たちの創意と意欲を減退させ、農業生産力は衰退していきました。政権崩壊の背景にあったのは、慢性的食糧不足による社会不安です。食糧危機のなかでスタートしたこの「天国」は、食糧危機の中で崩壊しました。

21世紀が明けて2007年、住宅ローン危機に端を発した合衆国の住宅バブルが崩壊しました。それをきっかけに、翌年には投資銀行リーマン・ブラザーズが破綻。これを引き金として、その後の世界は金融危機と深刻な不況に覆われています。だが、それ以前から、資源の浪費や地球大の深刻な環境悪化は、資本主義社会の持続性を著しく損ねていました。「巨大都市」を「天国」と考える社会も、また崩壊寸前です。「平等」が「平等社会」の首を絞めたように、「自由競争社会」は自らの信念である「規制なき自由」により自らの首を絞めつつあります。

2011年3月11日午後2時46分。日本列島に巨大地震が発生しました。彼の福島第一原発は被災し、すべての電源を失いました。原子炉は次々とメルトダウン。放出された大量の放射性物質は広範囲の大地に降り注ぎ、海に流れ込んでいきます。この人類史上最悪の原発事故は、過剰な光を追い求めてきた「巨大都市」を根底から揺るがすものでした。原発を造り、その原発に依存してきた「巨大都市」は、原発の被災・機能停止とともに一気に自滅の道を転がり始めたのです。しかも、原発周辺に暮らす人びとの故郷を喪失させるという悲劇を道づれにして。

ソビエト政権崩壊直前の1986年、ウクライナ地方で原子力発電所の爆発という大事故が起きました。周辺の「国営農場」の広大な農地の放射性物質による汚染は、半永久的に続きます。

この事故は、「国営農場」を「天国」と考えるソビエト政権崩壊の序曲として歴史に刻まれました。一方「3・11」は、もう一つの「天国」に終止符を打つと同時に、「天国」を求め続けてきた時代そのものに最終的な引導を渡すものとして、人類史に記録されるにちがいありません。

5　それでもまた明日、種子を播こう

「天国」を失った人は、どこにいくのでしょうか。1世紀前「革命」に絶望したエセーニンが教えてくれます。

「天国はいらない、故郷を与えよ」

そう、私たちの行き先は、「故郷」をおいて他にはありえません。故郷に還る。それは、人が大地や森や海など自然と共生するくらしに戻ることです。国の成り立ちで言えば、農業、林業、漁業など第一次産業を中核にした社会を再生させることです。「天国」が演出した大量生産・大量流通・大量消費・大量廃棄の仕組みを廃棄する。その代わり、小さな地域（故郷）単位に食糧やエネルギーの自給圏をつくる。そこで小規模な有畜複合農業を復活させる。こうして疲弊した故郷を甦らせていくのです。

一人ひとりの生き方で言えば、「農的くらし」を心がけるということです。「農的くらし」と

は、くらしの場で自分の必要な食糧やエネルギーをできるだけ自給することです。都市に住む人が「農的くらし」を徹底するには、農村への移住を考えなければなりません。「故郷に還る」とは、都市に集中する人口の地方分散を意味するからです。

とはいえ、仮に都市に住み続けたとしても、「農的くらし」を諦めることはありません。従来の都市的空間を解体し、そこを農的空間として再生させる新しいプロジェクトが、都市には必要だからです。どこにあっても、そこで最善を尽くせば、そこはその人の「故郷」になります。

自然と共生するためには、人には特別の力量が求められます。体力、知恵、感性……。長い間「天国」に囲い込まれてきたため、私たちのそのような力はマヒしてしまいました。安全、快適な「天国」では、危険なもの、醜悪なものは徹底して排除されます。しかし、自然は人にとって常に「天国」ではありません。自然は美しく、清浄とは限らない。ときとして、それは人にとって荒々しく、不条理な姿をのぞかせます。「天国」では、人は自然の姿のうち自分に都合のよい部分だけ〝つまみ食い〟してきました。明るい、温かい、美しい、清い……。「故郷」で生きるためには、自然が見せるすべての姿をそのまま受け入れなければなりません。

人が自然と一体となって生きるには、自然は自分と不即不離の関係にあり、その不都合な部分だけを捨てることはできないという覚悟が必要です。自分の身体の一部が具合が悪くなっても、それを捨てることができないように。

「3・11」により、土も海も汚染されてしまいました。人は、そこからひとまず退却しなければなりません。けれども、汚染が比較的軽微な周辺地域では、そこにとどまるという選択もあります。「邪悪」なものは徹底して「排除」するという感性は、私たちが「天国」で身につけてきたものです。「故郷」では、「邪悪」なものも「受容」できる感性が必要です。

ここで大切なことは、何が「邪悪」なのか、「邪悪」をどの程度受け入れるべきかは、基本的にはその人の判断で決めるということです。「天国」では、その判断は政治家や科学者に委ねられていました。「故郷」では、その判断は一人ひとりの人間の人生の選択として行われるのです。ここでもまた人は、〝胆力〟とでもいうべき総合的な判断力と決断力が試されます。

† †

「故郷」の再生。そのためには何よりも種子と、それを播く人が必要です。私たちはまた明日になれば、種子を播き続けなければならないのです。

提言／19

真の豊かさに気づくことから〝脱原発〟は始まる

秋山豊寛《あきやまとよひろ》
ジャーナリスト
宇宙飛行士

1942年、東京都生まれ。国際基督教大学卒業後、東京放送入社。ワシントン支局長や国際ニュースセンター長などを歴任する。この間、日本人初の宇宙飛行士として、1990年12月2日から9日間、旧ソ連の宇宙船ソユーズ、宇宙ステーション・ミールに搭乗し、地球を撮影・中継した。1995年に退社後は、ジャーナリストをしながら、福島県滝根町（現・田村市）で有機農業に従事。今回の事故で「原発難民」となり、群馬県に避難した。著書に、『鍬と宇宙船』（ランダムハウス講談社、2007年）、『宇宙と大地』（岩波書店、1999年）、『農人日記』（新潮社、1998年）など。

1　メルトダウンの予感

前触れの山鳴りが聞こえてくるのは、いつものとおりでした。我が家のある阿武隈《あぶくま》の高地は岩盤がしっかりしているので、それまでたびたび起こった地震のときも、平地に比べて揺れは小さかったのですが、この日、3月11日は違いました。ゴーッという山鳴りが、いつもより長く、「キタッ」と思ったときは激しい横揺れでした。座布団を抱えて、机の上の懐中電灯を持ち、大きめに造っておいた掘り炬燵《ごたつ》にもぐり込むのがやっと。机の下に置いた、イザというときのためのバールを取る余裕はありません。一息つくように、さらに強い横揺れが来ます。「これは大きいぞ」と庭を見ると、スズメやカシラダカといった小鳥たちが、黄色く蕾《つぼみ》が膨らんだレンギョウの枝に鈴なりになって揺れていました。台所から食器が飛び散り、割れる音が聞こえます。家がギシギシ音を立て、壁の漆喰が剥がれて床に落ちます。神棚から榊が落ちます。あとから、数分続いたと聞いたのですが、揺れはかなり長い感じ。

強い揺れがおさまったあとも、余震は続いていましたが、家は倒壊しませんでした。レンギョウに止まっていた小鳥たちは、飛び去っています。屋根瓦の落下はなかったようです。

私の家から32㎞離れたところにある福島第一原子力発電所の原子炉が冷却不能になったことは、その日の夜に町内の友人からの電話で知りました。「メルトダウンの可能性があるかもしれない」と、その友人は言います。「東電はウソツキだから、彼らの発表を信じないほうが身のため」と忠告されました。テレビは「原子炉本体の健全性は保たれている」と、官房長官の会見の様子を繰り返し報じています。友人のメルトダウンという言葉から、１９７９年に起こったアメリカ・スリーマイル島の原発事故のケースが思い浮かびました。

「ということは、ベントして放射性物質を周辺に撒き散らし、周辺住民の安全を犠牲にしながら、首都圏に大被害を与える爆発を防いでいるのか」

原発事故の深刻さが増していることを予感しました。それでも、大滝根山の南西側にへばりつくように建てられた我が家と周辺の農地は、太平洋側から吹く風が直接吹きつけることはありません。原発のほうから吹く風も、標高１２００mの大滝根山を中心とする阿武隈高地の峰にはばまれ、高濃度の放射性物質は上昇気流に乗って通りすぎる可能性が高く、「我が家に大量に降り注ぐことも少ない」だろうなどと〝希望的観測〟〝起こってほしくない期待〟を、つい考えてしまったものでした。なにしろ地震の後片付けでクタクタ。とにかく正常な判断力を回復するには睡眠が必要と思い、その日は就寝。

2　放射線汚染から逃げる

「これは危険」と感じたのは、12日の午後2時半過ぎ。「テレビが『空中からセシウムを検出』と伝えている」と、東京の友人が電話で知らせてくれたときからです。セシウムが空中から検出されたということは、〝炉心溶融〟すなわちメルトダウンが起こっていることを示しています。原子炉が事実上、制御不能になっている証拠。あとで知ったのですが、この時点で1号炉と3号炉で建屋の爆発が起こっていました。建屋がなくなれば、高濃度の放射性物質が放出され続けます。

頭に浮かんだのは、高い濃度のプルトニウムを含むＭＯＸ燃料を福島の原発では使っていることでした。炉心溶融に続く建屋の爆発に伴い、プルトニウムや原子炉内で生成された同位元素類

提言／19　秋山豊寛
真の豊かさに気づくことから"脱原発"は始まる

など危険物質が風に乗って各地に撒き散らされている可能性はきわめて高い。セシウムの半減期は30年前後のようですが、プルトニウムの半減期は2万4000年といわれます。冗談じゃない。早速、昔買った放射線の検知器を机の引出しから取り出しました。強い放射線を検知すれば音がするはずですが、何の音もしません。我が家は木造家屋で、密閉性は低いものの、まだ大丈夫なようです。

午後3時過ぎ、脱出を決意。「緊急事態キット」やパスポートを持ち、当面の衣類をスーツケースに詰め、ようやく予約が取れた郡山市郊外の宿に、取りあえず向かうことにしました。軽トラの燃料計は300km以上走れる量を示しています。しばらくすると、放射線検知器がキュッキュッと鳴り始めます。「イヤ危なかった」。セシウム情報を伝えてくれた友人に感謝。

このあと、16日午前には郡山郊外も危険と考え、国道4号線を南下、群馬県の友人宅に居候。農作業を手伝わせてもらいながらの"難民"暮らしは続いています。

3　祖霊の怒りとともに

阿武隈高地にある私の在所は、福島県内の他の地域に比べて検出される放射線量は小さいと発表されています。だが、「安全」と言えるのか。検査はヨウ素とセシウムだけ。プルトニウムについては、やっていません。あるいは発表されていません。

「安全」とは言っても、牧草などは家畜に与えてはいけない数値ですし、野菜やキノコ類から検出される数値は、ときに出荷停止になるほどです。椎茸農家としては、消費者に「放射性物質は含まれているかもしれませんが、ただちに健康に影響が出る量ではないので、食べてください」とは言えません。残留農薬による影響も気になって、無農薬でやってきた者としては、放射性物質入り農作物を人に食べてもらうわけにはいかないのです。

牧草から、牛にやってはいけないほどの放射性物質の数値が検出されているのなら、もっときめ細かく農地を検査しなければ「安全・安心」にはならないはず。さらに、土まみれになってするのが野良仕事です。私自身、鼻や口から吸い込むことによって起こる「内部被曝」の不安をかかえながらの農作業は、できません。行政のほうでは「作らなければ補償を受けられませんよ」と言いますが、わずかの補償のために内部被曝し、その結果、健康被害が起こって訴訟を起こしても、裁判に何十年もかかるでしょう。その煩わしさを考えると、畑に出る気はしません。

原子炉建屋崩壊のあと、一時遠くに避難していた友人たちのなかには、町に戻って暮らし始めた人もいます。この友人たちとて、行政の言うことを鵜呑みにしているわけでも、安全と信じているわけでもありません。「この年になって見知らぬ土地で、肩身の狭い思いをしながら生きながらえるよりは」という気分なのです。先祖の墓もあるし、なによりも十数代にわたり祖先から受け継いだ農地から離れて暮らす気にはなれないのです。

そこにいて、藤の花が咲けば大豆を播き、雷が鳴れば今年の稲の育ちは良くなると喜び、台風が来ればソバの実が落ちてしまうと心配し、晩秋の寒さが厳しければ干柿が甘くなると期待し、雪が深い冬は、これで来年の水の心配はなくなったと安心する。こうした暮らしのリズムが基本にあるのです。私のように就農してわずか15年という、この地の人の表現で言えば「旅の人」とは、大地とのかかわり、周囲の自然との関係が違います。

しかし、原発事故による大地の汚染を生み出した東京電力など「原子力ムラ」の利権集団への憎しみと怨みは、難民となった私に負けず劣らず激しいものがあります。都会からやって来た取材記者に見せる、一見、穏やかな表情の奥にある激しさは、テレビの映像などで捉えられるようなものではありません。

それは、阿武隈の山の祖霊たち、大地の神々の怒りと一体となって、このような状況をつくり出した人びとの子や孫まで祟るだろうと、充分予想できる射程距離をもっているのです。こうした状況をもたらした原因が、テレビの向こう側にある都会の暮らし方であり、政治であり、社会のシステムであることも、気がついています。

4　脱原発の困難さと可能性

原子力発電が「平和利用」などと言われながら、大量殺人を目的とする核兵器生産と一体であることは、核兵器の原料が原発で造られている事実を指摘するだけで充分なはずです。人類が「核と共存できる」というのは、思い込みにすぎません。「思い込み」というより、そのことによって利益を得る人びとによって「思い込まされている」、つまり洗脳されたということです。

科学技術と一口でいっても、実は科学者も技術者も、私が農地で作業をして暮らしているのと同じように、その作業をメシのタネにして暮らしています。自分たちの利益のために働いている「業界」にすぎないにもかかわらず、「人類のために」などと、あたかも他の人びとの役に立っているような顔をしているのは図々しいかぎり。具体例を多くあげなくても「原子力ムラ」と呼ばれるようになった利権集団を見れば、容易に納得できるはずです。しかしながら、この「関係」が見えるようになれば、逆に「脱原発」という状況を創り出すことは、そう簡単ではないことにも気がつくでしょう。

利権集団は、機会さえあれば、自らの利益を拡大しようと狙っています。その集団は、国際的ネットワークに支えられています。今回のレベル7の原発事故にしても、このあと「焼け太り」

を狙っているのは確実です。浜岡原発の一時停止などは、あとで二歩前進するための一歩後退にすぎません。「敵強ければ、すなわち退く」という昔ながらの兵法に従っただけ。ノドもとを過ぎて人びとが熱さを忘れるのを待っているのです。

ＩＡＥＡ（国際原子力機関）などという国際組織にしても、核保有国が「核による世界管理」のためにつくり出した組織にすぎないと見たほうが、世界の状況や、それを報じるニュースを理解する点で、見誤ることが少なくなるはず。国際的な放射線についての団体の出している「基準」なるものが、子どもたちが年間最大20ミリシーベルトを浴びても「許容量」というものであることからも、こうした国際機関が、自らの利益を守るためには一般の人びとが犠牲になるのはやむを得ないという利己的な人びとの集団にすぎないことは明らかです。

いまだに「原子力発電がなければ、資源小国日本のエネルギーはどうなる」といった言説は生き残っています。現在進行中の原子炉事故の現実の前で、マスコミに登場する機会は少なくなっていますが、これも、人びとが「熱さ」を忘れ、マスコミが静かになるのを待っているだけです。なによりも、この利権集団が、これまで「主流」だったことは決して忘れてはなりません。この利権集団は、おそらく「日本の経済成長のためにはエネルギーが必要だ。これをどうする」と迫ってくるでしょう。「雇用を増やせないのは、エネルギー不足だから」とも言うでしょう。

雇用については、技術革新による「経済成長」なるものがあっても、必ずしも安定した雇用が実現するわけではないことを、私たちは、ここ十数年の経験で知っています。

最大の問題は「経済成長がなければ、豊かになれない」という認識です。現在の世界のシステムが、ほぼ、こうした認識を基本につくられているという意味で、この部分は強敵です。しかも、「成長にはエネルギーが不可欠」という言説が伴っています。

ここで問い直さねばならない基本的テーマが浮かんで来ます。

「私たちは、経済成長がなければ豊かになれないのか」

「豊かさ」を「どのように捉えるのか」は、ここ数十年、基本的な問いかけとして、ことあるごとに登場しました。「物の消費に基づく経済の成長には限界がある」という問題が提起されたのは、1970年代初めでした。

その後、ソビエトの崩壊や中国の変化など地球表面での「市場」の拡大は続き、「成長の限界」は、まだ「臨界」に達するには余裕があるような空気が支配しています。「原発ルネッサンス」などという言説が隆盛を極めたのは、つい最近のこと。「脱原発」への道のりは、険しく、厳しいのです。

とはいっても、希望はあります。それは、人びとの気づきです。洗脳され、「それしかない」と汚染された脳を清浄化することです。さらに多くの人びとが真の豊かさに気づくことから、「脱原発」は始まるはずです。

提言／20

高橋巌《たかはしいわお》

日本大学生物資源科学部准教授

引き裂かれた関係の修復
——原発を止めるためのムラとマチの連携を

1961年、東京都生まれ。日本大学大学院博士前期課程修了後、埼玉県狭山市農協、（社）中央酪農会議、（社）農協共済総合研究所を経て、2005年より日本大学生物資源科学部食品ビジネス学科准教授。著書に『高齢者と地域農業』（家の光協会、2002年）、共著書に『〈食・農〉エコリーダーになろう』（中央経済社、2011年）、『農に還るひとたち——定年帰農者とその支援組織』（農林統計協会、2005年）など。

1　過去帳に投げ込まれた春の日とムラの苦悩

２００９年春、福島県阿武隈山地の飯舘《いいたて》村。そこは、暖かく明るい陽の光に包まれ、青々した新緑の里山に囲まれた田植え直前の水田が、キラキラと光っていました。

かつて「阿武隈一の寒村」といわれ、著名な特産物も目立った観光地もない山村であった飯舘村。そこで、村人たちは「飯舘牛」を地域ブランドになるまで育てあげるとともに、住民主体の内発的発展とスローライフを土地の言葉で表現した「までいライフ」を掲げ、今日のグリーン・

ツーリズムのさきがけとなる取り組みを行ってきました。とくに注目されたのが、最近になって増えてきた都市住民の移住と田舎暮らしをいち早く支援してきたこと。地区の約1割の世帯が首都圏などから移住するIターン者であったり、定年になって農業を始める定年帰農者が多い地区も見られるほどです。

農村の過疎化・高齢化や農業の担い手不足が声高に言われて、久しくなります。私は長く全国の村々を訪ね歩いた経験から、都市住民やかつて村から出た人たちの「農への回帰現象」を肯定的にとらえてきました。若手専業農業者による規模が大きく「強い農業」だけでなく、高齢者・定年帰農者やU・I・Jターンなど、さまざまなタイプの人が混在して共生する多様な担い手の存在が、今後の農業・農村、そして「食」の再生の鍵だと考えています。

飯舘村をはじめとする阿武隈の地は、日曜夜に全国でテレビ放映され、田舎暮らしの素晴らしさを描いた「DASH村」が近くにあることでもわかるとおり、雑木林の美しい里山と田畑の点在する美しい農村地帯です。自給的農業や田舎暮らしをするには、絶好の場所といえるでしょう。冬の積雪が多くなく、地価も手頃です。また、地元行政や空き家の斡旋などをする不動産業者のサポートもあり、首都圏からのアクセスも改善されたため、多くの人びとが田舎暮らしや豊かな第二の人生を愉しんでいました。

都市部から多彩な経歴の人たちが移り住み、昔から村で暮らした人と共存・共生することは、単に過疎化を抑制するだけでなく、かつての排他的な農村を一変させ、新たな農村をつくるモデルとなりうる可能性を秘めています。テレビ番組『人生の楽園』でも取り上げられたこの地は、まさに「楽園」だったのかもしれません。

しかし、2011年3月11日。「未曾有の天災」東日本大震災とともに発生した、「未曾有の人災」東京電力福島第一原子力発電所事故が、約40㎞も離れたこの飯舘村を直撃したのです。人類史上例のない大量の放射能が多くの村や町、野や山に降り注いだこの事故は、この「楽園」をも一瞬で汚染しつくしてしまいました。

春の陽は2年前と同じように降り注いでいるというのに、そこにはかつてのムラの姿はありません。そして、これは、飯舘村だけでなく、長期疎開を余儀なくされた多くの地域で、農産物の放射能汚染を心配する農業者、漁に出られない漁業者、山に入れない地元住民、すべてに共通する被害です。農林漁業に汗を流し、全国の「食」を支えてきた人たち、また、そこに無限の可能性と新たな人生を見出して移住した人たちの絶望と悲しみ、苦しみ、悔しさ。住民でない私にとっても、その感情は共有してあまりあるものです。

この国のムラは、ひとたび原発事故が起これば、どんなに農林漁業で頑張り、ムラおこしに励んでも、それが一瞬にして消え去りかねない。今回の原発事故は、そんな恐ろしい実態も明らかにしました。

2　原発を進めてきた者たちの責任の追及

今回の事故は、わずか数時間の停電だけで、炉心溶融・水素爆発と地球規模の放射能汚染を引き起こす危険きわまりない原発の本性を、完膚なきまでに自己証明しました。空気、水、大地、「食」、そして豊かな自然環境が、東京電力の汚れた放射能に侵され、遠く数百km離れた関東地方以西においても、放射能汚染が続いています。

3カ月以上経過した今日なお、事態は収束に向かっていません。しかも、長期間、環境と人体に影響を出し続けるセシウムからストロンチウムに至る汚染とその浸透が、明らかになりつつあります。微量でも肺ガンを引き起こし、地上でもっとも危険な元素といわれるプルトニウムの拡散すら、懸念されるところです。私たちは、さらに破局的局面に至る怖れと、いつまで続くかわからない環境への放射能放出の恐怖に、今後もさらされ続けていくでしょう。

まずもって、この最大の一義的責任は、事業当事者である地域独占企業・東京電力と、原発を「国策」として推進してきた政府にあります。ここには、一片の疑いもありません。

事故の規模と被害を致命的に拡大させた、東京電力・政府の初動対応の混乱は、「原子炉を潰したくない」意思と自己保身から生じたといえます。とりわけ、「ただちに健康に影響はない」

などと放射能汚染情報を意図的に隠蔽し、事故直後に逃げれば被害を最小限にできたはずの多くの住民を強い放射能汚染の下にさらし続けた政府の罪は、チェルノブイリ原発事故当時の旧ソ連以上です。当時のソ連政府は、少なくとも住民を強制疎開させ、被害を防ごうとしたのですから。

最低限度の住民保護の放棄は、「先進国」を自称しえない愚行かつ大罪であり、日本政府は「未必の故意による殺人行為」の下手人と言っても過言ではありません。すべての農産物・水産物・林産物、すべての人びとの健康被害や生活と事業に対する補償は、東電と政府に行わせなくてはなりません。この国が法治国家というのであれば、その国家的犯罪の全容が明らかにされ、責任ある者は全員裁かれるべきです。

ほかにも、責任を問われなければならない存在が多くあります。原発を支えてきた政党と政治家、電力会社・原発産業に天下りを繰り返してきた関係省庁の一部官僚、利権のため原発推進に荷担した「学者」と関連産業の人びと、労使一体で原発を推進し、反原発を訴える組合員や地域住民を押しつぶした電力会社の「労働組合」、虚像の「大本営発表」をタレ流している多くの主要メディアとそこに登場する芸能人、評論家。こうした「原発マフィア」などと呼ばれるすべての原発推進派の国家的野合は、徹底的に弾劾されなければならないと考えます。

飯舘村をはじめ多くの地域の住民が、長期間にわたって帰宅を許されず、農地は耕すことを禁じられ、置き去りにされた一部の家畜・動物たちは餓死を強制されました。現地住民、なかでも大地と農地、海を突然奪われた農林漁業者の苦悩と慟哭は、あまりに深いものがあります。仮に原発事故が収束し、補償がされたとしても、その傷は決して金銭で解決のつくような次元のものではありません。

3 「加害国」としての日本と引き裂かれる被害者

3・11までの日本は、世界に対してヒロシマ・ナガサキに原爆を投下された「唯一の被爆国」という大義名分を掲げ、世界に対して反核(兵器)を訴えることができた国でした。しかし、この事故対応以降、その立場は完全に崩壊しました。

すでに、日本は、世界に前例のない連続的な放射能汚染を発生させた「国際的な犯罪国家」であり、私たちは海外から見れば、その一員にほかならない加害者です。とりわけ、地元や漁業者に何ら告知もなく強行した放射能汚染水の海洋投棄は、いまだにその全容把握すらできないばかりか、ロンドン条約(廃棄物その他の物の投棄による海洋汚染の防止に関する条約)違反の疑いが強くなっています。もはや、日本を見る海外の本音の視線はきわめて冷たいものがあります。震災直後に見られた「非常時に助け合う日本のよさ」などの海外メディアによる報道は、はるか遠い過去のものになりました。

一方、国内的な関係はどうでしょうか。

直接的被害を被った福島県の人びとからすれば、その怒りの矛先を、「自分たちは1Wも使用しない、遠い首都圏の電気のせいで被害にあった」と、国や東京電力以上に、私を含む首都圏住民に向けるのは、当然の感情かもしれません。これに対して都市住民（マチ）の一部には、「原発の立地する周辺の農漁村（ムラ）だって、推進派から雇用や〝地域振興〟という名の恩恵を受けてきただろう」という怨嗟の声も聞かれます。「原発の実態を知らなかった、聞いていなかった」という声が澱《おり》のように沈殿し、発酵する一方で、「反原発派の主張に耳を傾けなかった国民も加害者だ。『知らなかった』ではすまされない」と相互の責任を問う声も噴出しています。

さらに、被害を受けた農林漁業者を支援する立場でも、意見は一様ではありません。「風評被害」を克服する福島産農水産物のフェアを開催したり、地産地消を強化する動きがある一方で、「少しでも放射能汚染された農産物は出荷しない」とする農業者や、「子どものことを思うと、申し訳ないが食べられない」という消費者もいます。ここでもまた、立場の違いによる分裂が起きているのです。

このように、同じ日本に暮らす者たち同士が、ムラとマチの人びとが、原発によって引き裂かれてしまいました。通常の地震のように、被災したほとんど全員が共通の被害者で、復興に向けて全力を傾注できる状況ではありません。原発現地と大都市などの間で被害―加害の重層性をもつ、原発大事故の特殊性にさらされています。
はたして私たちは、被害者なのでしょうか、加害者なのでしょうか。また、事故の当事者性は、余儀なくされる避難の期間や、不幸にして浴びた被曝量に比例するものなのでしょうか。

4　広範囲で放射能に汚染された「食」

原発事故の恐ろしさは、目に見えない放射性物質を空気・水・食べものから体の内部に大量に取り込む内部被曝です。これが後に、ガンなどの重大な病気や体調不良をもたらします。しかも、後から発生するそうした病気と原発事故との因果関係の証明は事実上、不可能です。これだけ多くの人たちが被曝する状態で、どれだけの被害が生ずるのか、想像するだけで戦慄を覚えざるをえません。政府の言う「ただちに健康に被害をもたらさない」の意味が、これで理解できるでしょう。「いずれ被害をもたらす」のです。

空気を吸わずに生きられない以上、このリスクを減らすには、水や食べものからの被曝を極力減らすほかありません。では、今の政府の対策はどうなっているのでしょうか。

ここに一つのデータがあります（厚生労働省文書、および松井英介監修「放射線被ばくから子どもを守るために」*）。2011年6月現在、政府・厚労省が出した「食品中の放射性物質に関する暫定規制値」（単位はベクレル／kg、以下同じ）によれば、放射性セシウムは牛乳・乳製品が２００、野菜類・魚介類が５００です。現状では、たとえば牛乳・乳製品で１９９、野菜類・魚介類で４９９といった規制値ギリギリであれば、「基準内で安全」と判断されます。

しかし、３・11以前は、セシウムの基準は３７０でした。チェルノブイリ原発事故のときには、この３７０でも「基準が緩すぎる」と議論されたものです。ところが、今回の事故を受けた日本政府は、「事故時の暫定基準」として曖昧な根拠のまま、これを５００に引き上げました。しかも、測定はあくまでも限られたサンプル調査によるものです。同じ畑でも数m違えば汚染濃度が異なるような現状では、仮にサンプルが規制値内だとしても、その地域の農産物すべての安全は「見なし」でしか担保できません。

一方、チェルノブイリ原発事故で今なお放射能被害に苦しむウクライナの規制値は、乳幼児用の飲料水・食品が40、一般用も野菜類は40と、日本より大幅に低い値です。また、ドイツ放射線防護協会は、安全のための規制・検査の根拠に不確実性があるため、「乳児・子ども・若者に対しては、４以上のセシウム１３７を含む飲食物を与えないよう推奨する」としています。

水道水の基準に至っては、ＷＨＯが10、ドイツが０・５、アメリカが０・１１ときわめて低いのに対し、日本は３・11以前が10、３・11以降は２００（乳幼児は１００）という超高レベルです。原発が連続して爆発した直後の３月13〜15日、および20日前後に大量の放射性物質の降下が確認された首都圏では、水道水の汚染が大きな問題になりました。実は、このとき「基準内」とされた首都圏の水道水は、茨城県ひたちなか市で58、東京都新宿区でも5・3に達しており(3月21日)、海外であれば「摂取禁止」のレベルだったのです。現在の日本政府の「暫定基準」の根拠は、国際的には通用しません。

放射性物質に対する感受性は年齢が若いほど高く、被害も大きいことが明らかです。今回の暫定規制値の引き上げによって、乳幼児、若い女性、妊婦への影響が強く心配されます。

こうした事実から、はっきり言えることは何でしょうか。それは、この国ではもはや、福島原発事故で直接被害を受けた農林漁業従事者、被害地域に暮らす人びとだけではなく、福島から遠く離れた首都圏住民も、空気・水・大地、とくに海洋や河川、農地の汚染を通じて、食と環境の汚染にさらされているということです。いずれも、原発事故の当事者であり、被害者なのです。

被災地を支援する意味で、そこで作られ収獲された農産物・水産物をできるだけ消費し、買い支えたい気持ちは私にもあります。ただし、被害の所産である放射能汚染させられた生産物の規制値を緩めたり、被害者同士で交換(売り買い)することによって、問題は解決しません。すべての責任は、政府・東京電力・原発を推進した者たち「真の加害者」にあります。そして、こうした悲惨な事態を引き起こした原発の存在そのものにあります。現実にはむずかしいとしても、放射能に汚染された農産物・水産物は、ノシと請求書をつけて東京電力に送りつけ、すべて買い取らせるのが、本来のスジというものでしょう。

5　すべての原発の廃絶と、原発に頼らない地域づくりを

もとより原発は、核分裂反応により発生する熱を発電に応用したものです。核のもつ爆発的な破壊力を核兵器に使用しようと、徐々に燃やして発電という「平和利用」に使おうと、原理的には変わりません。どのような形であれ、核のごみ＝放射性物質が再生産されることにも違いはありません。

最大の問題は、私たち人類は、この放射性物質という猛毒物質を無毒化する技術を持ち合わせていないし、持ち合わせる見通しもまったく立っていないことです。原発の運転によって大量に発生するプルトニウム239の半減期は、約2万4000年にも及びます。そのような猛毒物質が環境に長期にわたって大量に放出されることの恐怖は、今回の事故でみごとに実証されてしまいました。しかし、仮に事故がなかったとしても、わずか稼働期間30年程度の原発は、使用停止後数万年もの猛毒物質の管理が求められるのです。しかも、青森県六ケ所村の「再処理」工場の稼働の目処が立たない現在、それらの行き場はなく、すでにあふれかえっています。

こうした危険な物質を「平常」時でも扱う原発は、当然、そこで働く人たちに常に危険な被曝

労働を強制し、膨大な数の被曝労働者を生み出してきました。同時にそれは、電力会社の労働者を上回る大量の下請け労働者に、危険と隣り合わせで低賃金労働と健康破壊を強制するという、重層的差別・格差構造を必然化しています。原発は、彼らの被曝労働なしには1分も動きません。「原発が必要だ」という組織の幹部は、被曝労働には携わっていないのです。そして、原発を止めないかぎり、下請け労働者の非人間的な労働も止まることはありません。

さらに原発は、その出自からして核武装を究極の目標とした軍事的装置です。平和利用は見せかけにすぎません。事実、日本は原発の運転によって核兵器の原料となるプルトニウムを大量に保有し、各国から「日本はいつか核武装する気ではないのか」と懸念されています。

こうした悪魔の装置・原子力は当然、人類とも農林漁業とも共存できません。にもかかわらず、これまで原発を止められなかった、あるいは事故が起こるまで無関心だった私たちもまた、人類史に取りかえしのつかない汚点を残した責任の一端があります。原発を本当に止めることこそが、何ら罪のない今の子どもたち、そして未来の子孫に対する唯一の贖罪であり、私たちの責任であり、義務です。もっともっと、「原発いらない」という声を世論に反映させ、さらに巨大な力にしなくてはなりません。

当面、水力発電・火力発電の稼働率向上によって、原発がなくても電気は足りるし、エネルギー供給が可能であることは証明されてきています。さらに、再生可能な自然エネルギーのベストミックスによる中・長期的なエネルギー転換方策も、本書の多くの論者によって提起され、論証されつつあります。

被災前の飯舘村では、村内の間伐材を使用した木質ペレットによる暖房など、農林業をベースにした地域資源循環システムが模索されていました。健全な農林漁業が息づく地域は、バイオマス資源の宝庫であり、脱原発の大きな力になります。そのためにも、地域経済における農林漁業の再興と、農山漁村（ムラ）の明確な位置づけが必要です。

私たちは、一刻も早く「引き裂かれた関係」を修復し、手を取り合って、すべての原発と核施設を廃絶し、原発がなくても生きていける社会と地域づくりに取り組まなくてはなりません。それぞれの場でできることを考えながら、みんなで力を合わせていきましょう。

＊http://www.saypeace.org/image/hibakuyobou.pdf

提言／21

誰かのせいにせずに
——排除の論理から共生へ

渥《あつ》美《み》京《きょう》子《こ》

ルポライター

1958年、静岡県生まれ。大学卒業後、電機メーカー勤務を経て、法律系の専門出版社に就職。均等法や派遣法成立前後の労働現場を取材。1992年からフリーランスに。著書に、『パンを耕した男——蘇れ穀物の精』（コモンズ、2003年）など。3・11以降、メディアが伝えない福島発の声を全国に発信するメルマガを配信。7月末に『笑う門には福島来たる——放射能・共生・大橋雄二』（燦葉出版社）を出版する。

1　悲しみを共有するということ

台風2号の影響で雨となった5月最後の週末、東京都内各地で福島県産の野菜や加工食品を販売する「福島応援セール」が開かれていた。私は、放射能汚染の実態がまだ明らかになっていないなかで、子どもを含めた不特定多数をターゲットとしたこのような提案の仕方に疑問をもっていた。汚染されたものが混ざる可能性が否定できず、気づかないうちに放射性物質の内部被曝を広げることになりかねないからだ。

提言／21　渥美京子
誰かのせいにせずに

ところが5月28日の朝、思わぬ電話がかかってきた。

「手がたんねえんだ。ちょっとでいいから、来てくんないか?」

福島第一原発から約50㎞離れた福島県二本松市(旧東和《とうわ》町)で有機農業を営む菅野正寿《すげのせいじ》(52)からだ。都内で開かれるオーガニック市のためにワゴン車に野菜を積み、朝4時半に家を出て会場に着いたが、人手がたりないので、私に「売り子」をやってくれという。

彼とは東日本大震災の後、ボランティアを通じて知り合った。ボランティアといっても、身体を使って何かしたわけではなく、福島の人びとの話に耳を傾け、その言葉をメルマガの形で配信したにすぎない。日々、発行するメルマガをとおしてつながった人は200人を超え、菅野もその一人だった。

福島応援セールを懐疑的に見る私が、いきなり「食べて」と勧める側に立つ? しかし、放射能に苦しむ農家の苦悩を聞いてきただけに、断ることはできなかった。急いで身支度をして、会場に駆けつける。

会場には雨よけのテントの下にキュウリ、レタス、ネギ、フキ、ワラビなどが段ボールに入ったまま並べられていた。昨年産の棚田米、黒米、桑茶、ジャム、漬け物もある。聞けば、有機農業をやっている仲間たちから預かってきたそうだ。

「オレ、まだ車に残っている野菜を取ってくっから、ちょっと頼むね」という菅野から、釣り銭の入った小さな黒い金庫を渡され、一人残された。

段ボールをのぞくと、「関係者の皆様へ」と書かれた一枚の紙が入っていた。佐藤雄平福島県知事名で、「福島は安全で新鮮な農産物をお届けしています」とある。「県が放射能測定をして、暫定規制値を下回っている地域以外は出荷を制限しているから大丈夫」という意味のことが書かれていた。

降り続く雨のために客は少ないが、それでも他の「都内産の有機野菜コーナー」「エコ雑貨コーナー」と比べると注目度は高い。段ボールの切れ端に「福島産」とマジック書きした看板を見つけて、お客さんが集まってくる。

それまで「応援する側」にいた私が、突如として「応援される側」に立ち、「福島から来たんだ。大変でしょう。買ってあげるわよ」と声をかけられる。デパートで売られる有機野菜と比べて、かなり安い値段がつけられた有機野菜が次々と売れていく。なかには、フキやワラビの料理方法を聞くお客さんもいて、答えに窮しながら何とか対応する。

それなりに洗練された服を身にまとい、饒舌に話しながら商品を選ぶ都会の人びとの少し後ろに立ち、じっと私を見つめる女性がいた。試食用に用意した桑の実ジャムをクラッカーにのせて声をかけてみる。

「いかがですか?　昨年採れた桑の実から作ったジャムです」

60代後半と見られるその女性は、差し出したクラッカーは受け取らずに言った。

「私も福島なんだ。結婚してこっちにきたんだけど……。チラシに福島の生産者が来るって書いてあったから、寄ってみたんだ」

福島独特のイントネーションで話しかけてくれた、その人から伝わってきたものは、「悲しみを共有している」というメッセージだった。多くは語らない福島人の深い悲しみに触れた思いがして、熱いものがこみあげた。

この日、客の大半は50代や60代以上で、小さな子ども連れの姿はなかった。雨のせいもあるかもしれない。いや、汚染の可能性がゼロではない福島産の売り場には近寄らなかっただけかもしれない。

2　有機農家と支援者を引き裂く放射能

翌日、「『福島を想う』プロジェクトat恵泉――風評被害をこえて、農業者と支え合う道を探るために」と題するシンポジウムが恵泉女学園大学（東京都多摩市）で開かれた。同大学の人間社会学部学部長で日本有機農業学会会長代行の澤登早苗がコーディネーターを務め、菅野もゲストスピーカーとして参加すると聞き、USTREAMで放送される生中継を見た。

澤登は農業者を支え合う視点として「原発事故以前のものを販売する。原発事故後のものは、生産者がどこで作ったか確認できるもの」を原則とし、「小さいお子さんのいる方や若い方は、心配なら食べないでください。中年以上は影響があまりないので、食べてください。そこをはっきりさせることが大切です」という考え方を打ち出していた。

現状では、どこの誰が作ったかわからない野菜が「福島応援セール」として売られており、もう一方には「福島のものを食べるな」と主張する人がいる。そのなかで、どう折り合いを見つけるのかに注目しながら聴いていると、福島で有機農業を営む農家から、放射能の恐怖と先行きの見えない不安が次々と語られていく。

「農家にとって、土をいじってはいけないというのがどんなにつらいことか。夢も目的も奪われ、何もできず、家に閉じこもっていた。勇気づけられるとがんばらなくちゃと思うけれど、まだどうしていいかわからない」

「福島県は、暫定規制値を下回っているから作っていいというけれど、ほんとに大丈夫なのか。自分の土が汚染されているんじゃないかと不安で仕方ない。田植えをしたが、秋に米の買い手がつくのだろうか」

一方で、農家を支えるという視点から、「収穫しても売れずに困っている農家から生産物を買い取り、加工品にしたり、乾燥保存することで日持ちがする状態にして、全国の直販ネットワー

ク を築いていこう」という、少し気になる提案もあった。

その後、会場からの発言となる。ネット中継では壇上の発言者の顔しか映らないので、音声に耳を傾けていると、「私は南相馬市から避難してきている者です」と切り出した声を聞いてびっくりした。声の主は、大震災以降にボランティアをとおして知り合いになった友人(59)だ。彼女の家は南相馬市にあり、原発からは22㎞の地点に位置する。3月12日の朝9時、夫(64)と二人で家から避難することを決めた。避難指示はおろか、福島第一原発の爆発がテレビで報道される前に「逃げる」判断をしたという。

「原発はいらないと思ってきました。あれだけの大きな地震があったのに、原発が何ともないわけない。これまでも放射能漏れや事故はしょっちゅうあったのに、すぐ公表されたことは一度もない。地震がなくても漏れていたんだから、この地震で漏れないわけがないと直感したんです」

ひとまずは実家のある二本松市に避難し、そこも危ないと感じた3月25日、息子夫婦が暮らす東京へ逃げてきていた。彼女はこう発言した。

「私の実家のある二本松市は毎日1・6マイクロシーベルトが続いています。南相馬より中通りが高い。福島市も郡山市も高い。今日の話のなかで風評被害という言葉が出てきましたが、この数値を見ると、風評被害とは言えないんじゃないかと思うんです。実害だと思います。どんなことをしても放射能は消えません。どこかに蓄積されます。どこかに捨てても、土に沁み込む。

水に出てくる。私は農家の出です。ほんとに悲しくて涙が出ます。私は福島の野菜を食べます。私らは食べます。でも、若い人やこれから生まれる孫には食べさせたくない。数値を見て、判断をしていかなくてはいけないところに来ていると私は思っています。この場でこういうことを言うのは冷たいことかもしれないけれども、私のほんとの気持ちです」

この後、彼女に共感する内容の発言が相次いだ。

その日の夕方、私は彼女に電話し、ネット中継で聴いていたことを伝えた。

「あのような話をするのは勇気が必要だったでしょう。でも、風評被害と実害を区別して語らなくてはいけないと言ったことは大きな意味があったと思う。その後に幅広い意見が出たのも、あの発言がきっかけだった」

「なんか、おかしいと思いながら聞いていたんだけど、気がついたら手を上げてたのよ。うちの母もずっと有機農業をやっていたし、都会の人たちが食べて支えるって気持ちはうれしいけど、放射能はそんな簡単なものじゃないから。でも、(同郷の)菅野さんには悪いことをしちゃった。あの後で謝りにいったんだ。せっかく、みんなが応援しようと言っているのに、あんなこと言ってごめんね、と」

夜、私は菅野のことが気になり、彼の携帯にメールを入れると、まもなく電話がかかってきた。東京から福島に帰る途中だという。私は彼女が気にしていたことを告げると、菅野は言った。

「大丈夫だ。わかってっから。気にしなくていいよって、伝えておいて」

原発のために家を失い、地域の人間関係を断ち切られて東京に避難してきている女性と、放射能に汚染された大地を何とか蘇らそうと日々、格闘する菅野。その二人が東京でクロスし、悲しみを確認しあうこの不条理を何と表現していいのか、私はわからない。みんな不安に押しつぶされそうになりつつも、ぎりぎりのところで踏ん張って必死に生きている。

3　覚悟して食べるという責任の取り方

福島産の夏野菜は旬を迎えた。夏が終われば、米の収穫の時期がやってくる。今秋の米が売れなければ、来年の暮らしが成り立たない。どう支えるかを緊急に考えなければ、生活が破綻する農家が続出する。それでなくとも「福島のものを買わない」人が多数を占め、「給食に福島や北関東産の野菜を使わないで」という声も高まり、農家はすでに追い込まれている。

子どもたちの給食にはできるだけ安全なものを使い、少しでも内部被曝を下げるべきだと私も考える。しかし、その「正論」は、農家を支えるための具体的プランや、国や東京電力に補償を求める声とセットで言わなければ、自ら命を絶った須賀川市の野菜農家や相馬市の酪農家のような犠牲者が出続けるだろう。

電力だけでなく、東京の食を担ってきてくれた福島の大地。汚れてしまったから、汚染されていない土地の食べものを買って食べましょうという発想を、私は拒否したい。危険な原発を福島に押し付け、豊かさと便利さを享受してきた東京の人間は、大地の汚染をどう引き受けるかを考えなくてはいけない。もう子どもを産むことのない私は、福島の彼らが作ってくれたものを食べようと決めた。

だが、それは覚悟だけでできることではない。台所に立つたびに、容易なことではないと実感する。私には中学生の息子がいて、できるだけ汚染されていない大地で採れたものを食べさせたいと考えている。キュウリやトマトなら産地を分けて別の皿に盛ればいいが、ご飯はそうはいかない。炊飯釜が2つ必要になる。野菜の煮物は別々の材料を用いて、別々の鍋で作ることになる。

とんでもない手間がかかる。生活に即した実現可能な方法を考えなければ、日々の忙しさにかまけて覚悟倒れになりかねない。放射性物質を除去するための調理方法の研究や、免疫力を上げる食事の工夫も、これからの課題となるだろう。

悲しい現実ではあるが、放射能の時代を生きることになってしまった。現実を見据え、できるかぎりのことをしながら、前向きに生きるしかない。

これ以上、東北人を死なせてはいけない。そのためには、彼の地の恵みに育ててもらったおとなが責任を取るしかない。覚悟して食べるのだ。未来はその延長線上にのみ開かれる。（敬称略）

提言／22

効率優先社会からの決別

藤《ふじ》田《た》和《かず》芳《よし》

大地を守る会代表

1947年、岩手県生まれ。1975年、有機農業普及のためのNGO「大地を守る会」設立に参画し、以後、有機農業運動をはじめ、食糧、環境、エネルギーなどの問題に取り組んでいる。現在、株式会社大地を守る会代表取締役、「100万人のキャンドルナイト」呼びかけ人代表、アジア農民元気大学理事長、一般社団「互恵のためのアジア民衆基金」会長などを兼任。著書に、『ダイコン一本からの革命』（工作舎、2005年）、『畑と田んぼと母の漬けもの』（ビーケイシー、2010年）、『有機農業で世界を変える』（工作舎、2010年）など。

1　チェルノブイリの衝撃

大地を守る会は、１９８６年のチェルノブイリ原発事故をきっかけとして脱原発運動に取り組むようになりました。大地を守る会が設立されたのは１９７５年、チェルノブイリ原発事故の11年前です。有吉佐和子さんの小説『複合汚染』に影響を受け、農薬や化学肥料をなるべく使わない有機農業を進めよう、と運動と事業を始めました。

当時、畑のミミズや微生物が激減し、農村の風物詩といわれたホタルやトンボも飛ばず、小川からはドジョウがいなくなっていました。農薬の毒で死に絶えようとしていたからです。小動物の世界で起こっていることは、いずれ人間の世界でも起こるという有吉さんの警告は、多くの心ある生産者を動かします。そして、都市の、とくにアトピーをはじめとするアレルギー体質の子どもをもつ若いお母さんたちに、「何を食べるかによって、人間は病気にもなり、健康にもなる」ということを教えたのです。

大地を守る会は、こうした生産者と消費者を結びつけ、少しでも安全な農産物を生産し、消費する社会を創ろうとしました。生産者たちは畑や田んぼから少しでも農薬の毒を減らそうと努力し、消費者たちはその農産物を買い続けることで支えていきます。

ところが、私たちは遠く離れたソ連で起きたチェルノブイリ原発事故によって、大きな影響を受けました。おびただしい放射能が空中に飛び散り、気流に乗って地球を一周し、日本にまで流れ着いたからです。聞いたこともないヨウ素やセシウムという言葉がマスコミに登場しました。ベクレルという放射能の単位を初めて知ったのも、このときです。大地を守る会の生産者が作った農産物からも、放射能が検出されました。とくに高い数値が検出されたお茶や椎茸などは、消費者から敬遠されるようになります。私たちは、呆然とするばかりでした。

安全な食べものを作ろうと、生産者たちは堆肥作りに汗を流し、畑や田んぼの草を手で取り、天敵を活用したり輪作に知恵をしぼってきました。虫食いキャベツに泣いたり、曲がったキュウリや見かけの悪いミカンができてしまっても、消費者の支援があればと、11年にわたって、必死に有機農業を続けてきたのです。それが、たった一度の、それも地球の裏側ほどに遠い原発での事故で、畑や田んぼが放射能で汚染されてしまう。私たちの努力はいったい何だったのだろう。

大地を守る会は、生産者と消費者たちに原発をどう考えるかを問いました。多くの議論を重ねた結果、行き着いた結論は「安全な食べものを求める有機農業と原子力発電は相容れない」ということです。有機農業を推し進める者の使命として、原発は許してはならない。私たちは、いのちを大切にする社会を創りたい。将来の子どもたちの健康を考えるなら、原発だけは止めなければならない。以後、「原発とめよう会」という専門委員会をつくり、各地のさまざまな反原発運動に参加してきました。最近、熱心に取り組んできたのは、青森県の六ケ所再処理工場や山口県の上関原発への反対運動です。

しかし、チェルノブイリから25年、私たちは原発を止められませんでした。2007年の新潟県中越沖地震では、柏崎刈羽原発の事故（放射能の漏洩など）によって巨大地震への原発の備えが不十分であることが示されたにもかかわらず……。

福島第一原発の事故は、チェルノブイリに匹敵するか、それ以上のものです。大気圏に放出された放射能は、世界中の生態系を脅かしています。どうして止められなかったのか。反原発・脱原発の運動にかかわってきた者として、この事故を防げなかったことが悔やまれてなりません。

2　地震・津波被害者への支援活動

3月11日に起こった東日本大震災は、死者・行方不明者数、倒壊・流出家屋数、避難民数のどれをとっても、これまで日本人が経験したことのない大災害でした。その後の福島第一原発事故と合わせて、今後何十年、何百年と語り継がれることでしょう。

東北地方には、大地を守る会の生産者や加工品メーカーが多く、被災者も少なくありません。震災直後から、わたしたちは社員総出で、すべての生産者や取引先の安否確認を行いました。ところが、電話も携帯も通じず、なかなか連絡が取れません。あまりの被害の大きさに呆然としました。あわせて、社員の有志を組織して被災地に救援物資をトラック輸送。茨城県の生産者も同乗し、岩手県野田村の避難所では、温かい牛丼やシャモ汁の炊き出しを行いました。

並行して、義援金を精力的に集めていきます。日本赤十字社などに拠出する一般的な義援金ではなく、大地を守る会の生産者や取引先の被災者への、いわば顔の見える義援金です。いつも安全な食べものを作ってくれている生産者が、大変な被害にあっている。加工品メーカーの従業員が工場を壊され、途方にくれている。漁師たちが船を流され、避難所生活を送っている。彼らに何とか支援の手を差し伸べてほしいと、会員に訴えたのです。

提言／22　藤田和芳
効率優先社会からの決別

大地を守る会の生産者会員は全国に約２５００人います。同じ生産者として被災した農家の気持ちがわかると、続々と義援金を振り込んできました。５万円や10万円を振り込んだ農家もいます。彼らは決して豊かではありません。５万円や10万円は彼らにとって大金ですが、仲間が困っているのを黙って見ていられなかったのでしょう。消費者も１０００円、２０００円と、心をこめて義援金を寄せてくれました。大地を守る会の消費者会員は９万１０００人です。少額でも、積み重ねると大きなお金になります。

こうして、５月末までに寄せられた義援金は８８００万円を越えました。お付き合いのある中国のＮＧＯからは１５０万円、韓国の生協からは40万円をいただきました。これほどの額が集まったのは初めてで、多くの人たちの善意と温かい気持ちには、ただ頭が下がるばかりです。義援金は、困っている人たちに一日でも早く届けなければなりません。亡くなった生産者の遺族、家を壊された人、避難所生活を送っている人などに、次々と送金しました。

もうひとつ大切なのは、被災した生産者たちの今後の生活をどう支援するかです。多くの農家が津波で畑や田んぼを流され、漁師たちは船を流され、冷蔵庫や加工施設を破壊されました。彼らが立ち直るためには、畑や田んぼや船が不可欠です。サラリーマンとして生きるよりも、農家として、漁師として今後も生きていきたいと思う人たちが多いでしょう。そういう人たちのために、各地の農家、漁師、水産業関係者に、被災者を受け入れてほしい、畑や田んぼや船や家を提供してほしいと呼びかけました。名づけて「大地と海の復興プロジェクト」です。

群馬県や北海道の生産者からは、すぐに受け入れてもいいという声をいただきました。また、岩手県宮古市の重茂《おもえ》漁協では、津波によって870艘あった船の大半が流され、残ったのはわずか14艘だけ。天然ワカメの漁に欠かせない船がありません。話を聞いた神奈川県の漁師たちが船を提供してくれることになり、わたしたちは2艘の小型の船をトラックに積んで、重茂漁協まで運びました。

3　放射能流出への反応

原発事故による放射能の流出が報道されると、福島県や北関東の野菜が風評被害を受けます。大地を守る会は、あえて風評被害を受けている産地の野菜を一まとめにして販売することにしました。もちろん、会員農家の有機野菜です。「福島と北関東の農家がんばろうセット」と名づけました。

「生産者たちが自分の責任ではない放射能の問題で苦しんでいます。風評被害で野菜が売れなくなっています、応援してください」

1セット1200円で売り出すと、宅配やインターネット販売で1万5000セットがあっという間に売り切れました。

また、大地を守る会の会員サポートセンターには、ふつう一日約600本の電話が会員からかかってきます。「注文した品物が入っていない」「ミカンが一個腐っている」「来週はお休みしたい」などです。ところが、原発から放射能が流出したと報道されて以降は、一日1500本以上もかかってくるようになりました。東京都の水道水から基準値以上の放射能が検出された直後は、一日2000本を越えるほど。いずれも悲鳴のような電話です。

「何を食べたらいいのですか？」

「福島の野菜は配達しないでください！」

「大地を守る会は独自に放射能の検査をしていますか？」

「政府の言っていることは信じていいの？　本当に安全なの？」

私は、こうした行動を責められません。とくに、小さなお子さんをもつお母さんたちは必死でした。不安でたまらないのです。目に見えない放射能という危険なものに初めて直面したわけですから、無理もありません。会員の消費者たちの行動は二つに分かれ、その比率はほぼ半々でした。

一つは、福島県や北関東の野菜は絶対に食べないという人たち。おもに、小さなお子さんや赤ちゃんをもつ若い方です。

「ごめんなさい。生産者には申し訳ないけど、子どもには食べさせられません」代わりに、義援金を振り込んでくれました。

もう一つは、これまで安全な食べものを作ってくれてきた生産者たちが苦しんでいるのだから、こんなときこそ応援してあげようという人たちです。前述の「がんばろうセット」を買い続けました。その中心は、比較的年齢の高い会員です。

4　新しい価値観の社会へ

6月に入って、ようやく復旧・復興の声が上がり始めています。しかし、それは、流された防波堤や港湾、橋、道路を元に戻すだけであってはなりません。形を元に戻すのではなく、新しい地域、新しい日本を再建するのでなければ、亡くなった方や被災者に申し訳ないと思います。

ここまでの犠牲を払った以上、二度と原発の「安全神話」など持ち出さず、大胆に自然エネルギーの方向に舵を切るべきです。日本の有機農業運動は、『複合汚染』に大きな影響を受けてきました。「畑のミミズや微生物とも共存する農業」とは、実は畑や田んぼから得られる果実を人間だけが独り占めする農業を戒めることでもありました。他者と共存する社会、生物多様性のなかで静かに助け合って生きていく社会を創っていこうという考え方です。

提言／22　藤田和芳
効率優先社会からの決別

私たちの多くは社会に競争原理を持ち込み、他人を蹴落としてでも競争に勝ち抜くことをよしとしてきました。効率がよく生産性が高いほど評価され、お金や物が多ければ多いほど幸せになれると信じてきました。はたして、その「神話」は正しかったのでしょうか。

いまの日本では、老人が大事にされていません。昨年は、戸籍上は生存している100歳を越えた老人が、全国で何十人も行方不明になったり亡くなっていたことが明らかになりました。一方で、若い母親や父親による幼児虐待が絶えません。実の親に食べものを与えられず、暴力を振るわれながら息絶えていく子どもの気持ちは、どのようなものでしょうか。そして、自殺者は毎年3万人を越えています。

日本人は狂おしいまでに効率を追い、競争社会をつくり、近代化に走ってきました。その結果が、このような社会だったのか。

東日本大震災の犠牲を受けて、私たちが本当の意味で「復興」するには、日本社会がこれまでとは違う新しい価値観におおわれた新しい社会に生まれ変わらなければなりません。

提言／23

抑圧的「空気」からの脱却

上田紀行《うえだのりゆき》

文化人類学者・東京工業大学大学院准教授

1958年、東京都生まれ。東京大学大学院博士課程修了。「癒し」の観点をいち早く提示し、日本社会の生きづらさの根源を探究し、変革を提言する。著書『生きる意味』（岩波新書、2005年）は大学入試出題数第1位の著作となった。近年は日本仏教再生への運動にも深く関わり、ダライ・ラマとの対談『目覚めよ仏教!――ダライ・ラマとの対話』（NHKブックス、2007年）を出版。最近著は『慈悲の怒り――震災後を生きる心のマネジメント』（朝日新聞出版、2011年）。

6月に緊急出版した『慈悲の怒り――震災後を生きる心のマネジメント』（朝日新聞出版）でも強調したことですが、私は成長していく子どもたち、これから生まれてくる子どもたち、彼ら将来世代のことを考えれば、原発はぜったいになくしていかなければならないと考えています。

私たちの世代は、放射能汚染という取り返しのつかない負の遺産を子どもたちに残すことになってしまいました。そのうえ、原発事故の悲惨さをこれだけ認識させられたにもかかわらず、同じ惨事が再度起こる可能性まで引き継ぐのでは、あまりにひどすぎる。ここで反省し、今後の事故の可能性を皆無にして次の世代に引き継ぐのが、大事故を起こしてしまった先行世代の最低限の責任であると思うのです。

提言／23　上田紀行
抑圧的「空気」からの脱却

私には、6歳の長女、1歳の双子の二女、三女と3人の娘がいます。この幼い子どもたちと過ごした原発事故後のこの3カ月間の体験は、そのことを私に確信させるに十分なものでした。放射能に弱い乳幼児をいかに守るか、家の通気口に目張りをし、換気扇の電源も切り、インターネットで各地の放射線量をチェックし、天気予報でこまめに風向きをチェックする。北東の風が吹いた3月15日には、保育園に行った娘を3時間ほどで連れ帰り、自宅の外に出さないようにしたのですが、後の解析では、まさにその日に東京にはかなりの放射性物質が降り注いでいました。また、毎日水道水の放射性物質のデータをチェックし、数値の急上昇を察知して、東京都が乳児の粉ミルクへの水道水使用を控えるよう発表した2日前から、ミネラルウォーターに切り替えました。そして、さらなる汚染も懸念されたことから、重病で動かすことができない在宅看護中の母と私が東京に残留し、娘たちと妻を四国の妻の実家に疎開させました。

子どもたちが疎開から帰ってきた4月以降は、原発の動向とともに、内部被曝を避けるために、食べものの安全性に気を配る日々が続きます。そこで深く気づかされたのは、私にとっては原発事故は人生の後半に起きたことですが、この子たちにとっては人生が丸ごと入ってしまうのだということ。さらに、これからずっと放射能の存在を意識しながら生きなければならないということです。

上の娘とは2歳のころから一緒にお寿司を食べに行き、美味しそうに食べる姿にやはり日本人は寿司だなあと、ほんわかしていました。しかし、下の子たちを2歳で寿司屋に連れて行く気にはなりません。食べものに常に目を光らせ、警戒しなければならない。それがこれから何年も続きます。

そして、私をいっそう悲しく、耐え難くさせているのは、福島の子どもたちの置かれた状況です。東京でさえそんな状態なのに、より深刻な状況のなかに、政府は子どもたちを捨て置いている。長い間検討されて決められてきた基準値が、原発事故後になし崩し的に大幅に緩和されていき、明らかにリスクが高いにもかかわらず、放置されています。この国では子どもの命よりも大切なものがあるのだと、天下に公言しているこの状況に、同じ子どもを持つ親として私は憤りを感じざるを得ません。

† †

そもそも原発がなければ、このような状況は引き起こされなかった。それ故、放射能汚染という重大なリスクを背負った原発をなくす方向へと進むのが当然の帰結になるでしょう。さらに、脱原発には日本社会にとってもう一つ大きな意義があることも忘れてはなりません。

それは、原発という存在が、真実の隠蔽構造の上に成り立っており、日本的無責任体制の帰結であったという事実です。専門家でなくても分かるような、非常用電源が置かれた位置の欠陥を、国会や専門委員会で津波の可能性が指摘されていたにもかかわらず、高度な専門家集団が見逃し、何の対策も取らないなどということがまかり通っていた。そして、当事者たちは「何重にも安全装置があるので、ぜったい安心だ」と言い張り、多大な広告料を投じ、文化人やタレントたちを投入して、安全でクリーンなイメージを植えつけ続けてきたわけです。

いちどそうした「空気」が確立されてしまうと、それへの異議申し立てを封殺し、人びとも自己抑制して空気に流されてしまう。そのいかにも日本的な抑圧構造の頂点として、原発という存在はありました。だから、脱原発社会とは、原発からの脱却であるとともに、そうした抑圧的「空気」からの脱却でもなければいけない。そのことを私は『慈悲の怒り——震災後を生きる心のマネジメント』で強く主張しました。

日本人は「怒り」が不得意です。システム自身が腐りきっているのに、ある特定の罪人をお白州に上げて懲らしめて溜飲を下げるという、水戸黄門や遠山の金さん以上の「怒りのリテラシー」がないので、システムは温存され、またぞろ同じ問題が起きる。そのことを繰り返しています。しかし、この原発事故は、スケープゴートを懲らしめて解決するのではなく、それを生みだしたシステムを徹底的に告発しなければなりません。

しかも、まさに今それを行わなければならない。なぜならば、原発事故をもたらした、隠蔽のシステムが事故後にも継続しており、むしろ悪化しているようにも見えるからです。都合の悪いデータが隠され、人災である原発事故に、さらなる人災が折り重なり、悲惨な状況を生みだしているからです。

いまこそ「大きな怒り」から行動を起こさなければいけないときでしょう。ここでひるんでいては、私たちは子どもたちに、孫たちに、一生、そして私たちが死んでからも、顔向けができないことになるかもしれない。それは、この状況を許してきた私たちの自己反省の運動でもあり、「空気」に屈することなく、私たち日本人が自律した自己を確立する運動でもあるのです。

提言／24

いのちのつながりに連なる

纐纈《はなぶさ》あや
映画監督

1974年、東京都生まれ。自由学園卒業。2001年ポレポレタイムス社に入社し、映画『アレクセイと泉』(2002年)の製作・配給・宣伝に携わる。映画『ナミイと唄えば』(2006年)のプロデューサーを経て、フリーに。『祝の島』(2010年)は監督としての最初の作品。

東日本大震災からちょうど3カ月が経とうとしている。とてつもない質量の時間が流れていったような気がする。

最近ふと考えることがある。もしあの地震がなければ、今ごろどんな毎日を送っていたのだろうかと。しかし、いくら考えても想像できない。それどころか、震災前の自分の感覚や意識さえも思い出すことができないのだ。東京に暮らす私の日常は、以前とさほど変わりがあるわけではないのに、中身はなんだか別人になってしまったような気がしている。

私は地震があったまさに3月11日の午後から、自作のドキュメンタリー映画『祝《ほうり》の島』（2010年）の上映会で山梨県の数カ所を回る予定にしていた。上映が行えるかどうか定かではなかったが、とにかく大混乱する都心から車で現地に向かった。道はまるで民族大移動のように一斉に郊外へと歩く人びとであふれ、ガソリンスタンドには長蛇の車の列が続き、ところどころに現れる自転車屋には人が殺到していた。その光景は、以前ニュースで見た9・11直後のニューヨークの光景を思い起こさせた。高速道路は通行止めだったので、国道を歩くような速度で進んだ。ようやく目的地に辿り着いたのは、10時間後の深夜だった。

極力外出を避けるべき時に上映会をしてもいいものかという迷いがあったが、主催者から「こんなときだからこそ、この映画をみんなで観たい」と申し出てくださり、翌日から予定どおり上映会が始まった。沈痛な面持ちで居ても立ってもいられないという様子の人びとが、次々と会場に集まってきた。

上映中は、映画の舞台となる祝島《いわいしま》の人たちが原発反対の声を上げ続けてきたことへの共感と敬意が客席からひしひしと伝わってきた。それまでの1年間、この映画をもってコツコツと上映活動を続けてきたが、今までには感じたことのない切実さが会場全体を覆っていた。

† †

山口県上関町《かみのせき》祝島。瀬戸内海に浮かぶこの小さな島と出会ったのは、今から8年前のことだ。当時、写真家で映画監督の本橋成一の下で仕事をしていた私は、彼の2作目となる映画『アレクセイと泉』の上映会をするために島を訪問することになったのだ。

提言／24　纐纈あや
いのちのつながりに連なる

　1982年、祝島の対岸4㎞先に上関原発建設計画が持ち上がった。上関町では原発推進派が優勢のなか、祝島では住民の9割が反対を表明。「海はわたしらのいのち。金で海は売れん」と約11億円の漁業補償金の受け取りを拒否し、長きにわたる反対運動を続けていた。「原発反対の島」と聞き、勝手にも戦闘的で悲壮感漂う人びとの姿を想像し、ひどく緊張していた私を出迎えてくれたのは、意外にもとびっきり明るくて元気いっぱいのおじいちゃんやおばあちゃんたちだった。私はその姿に一気に引き込まれた。東京生まれの私が、なぜか故郷に帰ってきたような懐かしい感覚をおぼえた。

　当時、上関原発問題がマスコミに取り上げられることはほとんどなかった。あっても、祝島は〝原発反対〟のひとことで片付けられるだけ。しかし、私は自分をすっかり魅了した彼らが、原発に反対する以前から何を大切にしてきたのかを知りたいと思った。それをこの目で確かめたいと思った。そのことこそが、この原発問題の当事者以外がもっとも知らなければいけないことであり、そこには私たちの未来を考えるためのヒントが隠されているのではないかという予感がした。

　祝島の人たちが大切にしてきたものは〝日々の暮らし〟ではないかと考え、海に山にその生活を2年にわたり追い続けた。深夜のエビ捕りから始まる一本釣り漁、磯でのひじきやウニ獲り、子や孫が食べるのに困らないようにと30年かけて築き上げた巨大な棚田。夜な夜な近所の年寄りが集まるお茶会、祝島小学校のたったひとりの入学式。その一コマ一コマから、さまざまなつながりや流れが鮮明に浮かび上がってきた。

瀬戸内海の西端に浮かぶこの島は、古代より関西と九州の国東《くにさき》半島を結ぶ航路上の要衝で、海の安全を守る〝神霊の島〟として崇められてきたという。周辺の海は瀬戸内海屈指の漁場といわれ、漁業の島として潤ってきた。一方で、人が住むのにはとても厳しい自然環境がある。周囲12㎞の小さな島は平地が少なく、山は急斜で岩だらけ。確保できる真水も限られており、台風の通り道になることもしばしばだ。穏やかな瀬戸内海のイメージとは裏腹に、その沖合は潮流が激しく、荒れることもしょっちゅうである。

そのなかで人びとは、山の岩を一つ一つ掘り出して田畑にし、台風で壊された家屋を何度となく修復した。海に漕ぎ出すときは、いつだって、いのち懸けだ。自然からの恵みをいただくということは、その厳しさをもひたすら受容することを意味している。良いとこどりはあり得ない。自然がいのちを育み、時にそのいのちをいともたやすく奪う。それが自然と人間との関係性だ。島の人たちの身体には、先祖代々続いてきた暮らしからそのことが刻み込まれている。

福島原発の事故で「想定外」という言葉が頻繁に使われた。だが、そもそも自然界のできごとを人間が想定できると考えること自体が、傲慢そのものではないだろうか。

国策として原発を推進する巨大な波が押し寄せるなかで、祝島の人びとがそれに否と言い続けてきたことは、並大抵のことではない。費やしてきた労力と犠牲は、第三者の想像など遥かに及ばない。

それにしても、祝島の人たちは30年近くもの間、なぜ原発反対を貫くことができたのか。いろいろな要因をあげられるだろうが、ひとつには離島であったという要素が大きく関係しているのではないかと思う。島では、土地も、自然や資源、住んでいる人も限定されている。島全体がひとつの運命共同体である。それらをいかに活かし、バランスを取り、永続的に循環させていくことができるか。人間が海や山にしたことは、確実にまた自分たちに返ってくる。自分と他のものが常に関係しあっていることを実感できる世界がある。

そして祝島の人たちには、古代より御上の庇護など端《はな》からあてにしないという、自主自立、反骨精神の礎がある。彼らは口々に言う。

「お金は最低限あればいい。きれいな海と山さえあればわしら生きていける。他に何が必要か」

営々と続いてきたこの島の暮らしそのものが、すでに脱原発社会だった。そこに電力会社は、原発こそが町を活性化させる唯一の道だと目の前にお金を積み上げ、島は不本意にも、原発の存在を前提とした推進か反対かという議論に引きずり込まれてしまったのである。

† †

映画で最後の撮影となったのは、それまで追い続けてきた方々へのインタビューで、8人の方からさまざまな話をうかがった。編集で何度も聞き返すうちに、どの人の話にも共通していることがふたつあることに気がついた。

ひとつは、亡くなってもうこの世にはいない方の話が必ず出るということ。連れ合いや親御さん、ご先祖さまのことを、実にうれしそうに、時には涙しながら、話されるのだ。

もうひとつは、子や孫、その先に生まれてくるだろういのちの話。自分たちの後に続くいのちに遺せるものは、自分たちを育んでくれたこの海であり山であり、島の暮らしそのもの。だから、それを遺すために原発に反対しているのだと話された。

どちらも、今この世には存在しない、目には見えない、いのちの話だ。古代から続く無数のいのちの連なりがあって、この自分のいのちがあり、それがまたこれからのいのちにつながっていく。祝島の人たちは、その大いなるいのちのつながりに連なる者として、原発反対を選び続けている。

† †

福島第一原子力発電所が大事故を起こした今、あらためて思う。放射能の怖さは、時間に対する想像力と目には見えないものに対する想像力がなければ、感じ取ることができないということを。

放射能による被害は、被曝時の状況やその量にもよるが、多くは時間差をもってやってくる。

提言／24　纐纈あや
いのちのつながりに連なる

自分の人体にいつ症状としてあらわれるのか。それは5年後かもしれない、20年後かもしれない。その前に寿命がくるかもしれない。あるいは、自分ではなく自分の子ども、そのまた次の世代にあらわれるかもしれない。そんな時間軸のなかで、被曝の影響は忍び寄る。そして、放射能は目には見えず、匂いもしなければ味もなく、痛みもない。

現代社会は、一分一秒をどう短縮するか、いかに目に見えるもので豊かさを計るかを追求してきた。その現代人がもっとも苦手とする百年、千年、万年単位の時間に思いを馳せ、目には見えないものに対する想像力をもってしなければ、原子力、核の恐ろしさは感知できないのではないだろうか。

原子力発電は、これからの私たちのエネルギー政策や経済、国際情勢に深く結びつく大きな問題である。しかし、私が祝島の人びとと出会い、その暮らしを見てきたなかで強く思うのは、一個人として、一市民として、原発問題もまずはいのちの話から始めたいということだ。この地球上に存在する多種多様な生物の一員として、人間がどういのちをつないでいけばいいのか。自分のいのちと同じように他のいのちを大切にしようとするところから、今この人間社会で起きているさまざまな問題の糸口が見えてはこないだろうか。

提言／25

自然への畏れ
——「東電フクシマ」からの脱却へ

大石芳野《おおいしよしの》
写真家

写真家。日本大学客員教授。アジア、アフリカ、ヨーロッパなどの戦禍や困難な状況にある人びとをドキュメンタリー写真で伝えている。写真集に、『沖縄に活きる』(用美社、1986年)、『カンボジア苦界転生』(講談社、1993年)、『HIROSHIMA半世紀の肖像』(角川書店、1995年)、『ベトナム凛と』(講談社、2000年)、『子ども戦世のなかで』(藤原書店、2005年)、『〈不発弾〉と生きる——祈りを織るラオス』(藤原書店、2008年)、『それでも笑みを』(清流出版、2011年)など。芸術選奨、土門拳賞などを受賞。

1　2万4000人のメッセージ

あの日の午後2時46分、途方もない大きな揺れに襲われ、現実だとは受け止めがたい事態が空撮中継のテレビ画面に映し出された。見る見る呑み込まれる広大な地。田畑も港の船も町の家々も大通りも、瞬く間に濁流に襲われていく。この光景を、誰もが決して忘れることはできない。

実際にそうした現場に立つと、まさに地獄だとしか思えない。そこには地震の瞬間まで、人びととの確かな日常の暮らしがあった。凄まじい光景にただただ茫然となり、胸が締め付けられた。

提言／25　大石芳野
自然への畏れ

ましてや、身ひとつでやっと逃げおおせた人たちは、今でも悪夢のような現実に引き戻されてしまうと言う。避難所から破壊された自宅に立ち寄った32歳の女性は、「妹を助けられなかったことが辛い」と沈痛な声で語った。

黒々と淀んだ波間に引きずり込まれた大勢のさまざまな人たち。その恐怖はわたしの想像をはるかに超えたものだ。そう分かってはいながらも、彼らへ思いを馳せずにはいられない。あの瞬間、あの一人ひとりは、渦巻く波の中で何を考えたのだろうか……。いよいよお別れというとき、真っ先に、家族や愛《いと》しい人たちへの思いが胸を占め、声にならない言葉で思いのたけを叫んでいたろう。

そうしたさまざまな2万4000人ものいのちは、残されたわたしたちにどんなメッセージを伝えたかったのだろうか。誰もかれも、無残にただ波に呑まれることをよしとはしなかったろうし、それでは済まされない思いで満ちていたはずだ。このようにしてさよならをするために生まれてきたわけではない。ささやかでも、誰かに何かを伝えたい(発信したい)。一人でも二人にでも。そのためにこの世に現れた、と。

波間に消えた壮絶ないのちについて、わたしは緑の木々を見つめ、池の水面に吹く風紋を眺め、そして空を見上げながら、思いを巡らせる。彼らの身に変えての伝言は、自然界への畏れこそが大切だということだろう。自然は美しく、優しく、慰めてもくれる。けれど、自然はそうした面だけではない。恐ろしいほどに厳しい。決して侮《あなど》れないと十分に知る気持ちの覚悟が、結局は畏れにつながっていく。

2　土と生きるということ

福島県の飯舘村や浪江町の放射能汚染度が高い地域で、土とともに生きてきた農家や酪農家の人たちは、自然を崇めながら、自然のなかで、消費者である都会の人たちに何とか美味しい味を届けたいと生涯をかけてきた。自分のいのちと土に育てられたいのちとしっかり向き合いながら、日々を送ってきた。その人たちの嘆きの深さ怒りの強さは、並ではない。

避難区域に指定されている浪江町で12頭の乳牛を飼う48歳のある酪農家は、こう訴える。

「私は被曝しても構わない。でも、質の高い原乳を出すようになったこれら牛は私がいのちをかけて丹念に育ててきたものばかり。乳が出なくなったのでも、病気になったのでもないのに処分するなんて、怒り以外にない。これまでの人生を否定されてしまうようなもの」

夕暮が迫る山間の自宅前に造った牛舎に、しばしの沈黙が流れた。彼はくっとこちらに目を向けて力をこめた。

「私がどんなミスや悪いことをしたのですか。納得できませんよ、こんなこと」

深い憤りと悲しみがひしひしと伝わってきた。都会では、牛乳といえば店で買える。生産者がどんな思いと歳月をかけて命を育て、高質の原乳を供給しようとしているか、あまり考えない。私も同じだ。それだけに、放射性物質が彼らの心に与えている深刻さに胸をえぐられる思いだった。その後、こうした汚染度が高い地域の和牛（肉牛）に続いて乳牛も移動が叶うようになる。そして、搾乳した原乳を週に1回の割合で福島県の職員が測定し、3回とも基準値を下回っていれば、その乳牛は処分されないことになった。

「ええ、測ってダメなら仕方ないですが、測りもしないでただダメだじゃ情けないです」

そう言葉にしたのは、先の彼ばかりではない。「計画的避難区域」に指定された飯舘村、浪江町、川俣町など高い放射性物質に汚染された地の土と生きる人たちは、みな異口同音だった。

土に教えられて生きてきた人たちの言葉には重いものがある。それだけに、土と生きるということがどんなに深いものか、尊いものかを改めて考えさせられる。そこに放射線が甚大な被害を与えた。土と生きるということは、一つひとつのいのちと生きること。こうした生産者の思いに、消費者がもっと近づく必要があるのではないか。現実には双方に精神的にも隔離があるから、原発の「安全神話」を生み、このたびの風評被害を招き、無関心で身勝手な人間の集合体を成したのだろう。

3　自然界に力と知恵をいただく

かつて、一本の樹木を切るにも森の神に祈りをささげ、長い樹齢のいのちをいただくことに感謝をこめた。水を田んぼに曳いたり水路を造ったり、あるいは運河に利用するなどのとき、水の神に祈りをささげた。娘が生まれると、桐の木を家の近くに植えた。娘の健康と幸せを祈り、嫁さんになるときの箪笥などを幹からいただいた。着物は祖母から母に受け継がれ、幼い娘の衣になり、布団にもなった。

こうして伝えられてきた日本特有ともいえる暮らしの文化は（広くアジアにもあるけれど）、わたしが若いころにもしっかりと残っていた。いま使っている掛布団は、母親が愛用した着物からのもの。畳に広げて綿を入れる母親の姿は、目に焼きついている。針箱も母が嫁入りするときに持参したものだからかなり年季が入っているが、母親の遺した想い出とともにわたしの傍で活きている。

暮らしのなかの文化とでもいうような心構えが、一人ひとりの些細な一つひとつのことに結びついていた。それが自然を尊ぶ気運にもなっていたのだろう。ごく当たり前のように、ゆっくりと自然を崇《あが》め、畏れ、恐れもしながら、大きな懐に抱かれるように暮らしていた。

提言／25　大石芳野
自然への畏れ

その後、合理的で便利な生活が経済的な高度成長によってもたらされた。都会は色鮮やかな広告やネオンで彩られ、全国で都会化が拡大していく。誰も祖母の着物を愛娘には着せないし、誰も着物を布団に作り替えないし、誰も樹木や湧水に祈りをささげないし、誰も……。むろん、一部にはいまでもそうしたことを大事にしている人たちがいることは承知している。けれど、多くが顧みることなく押しやられた。たとえ途中で気がついても逆流を遡るのは容易ではなく、いつの間にか流れに沿ってしまった。

急速な電化の進歩で、夜の東京の街は新聞が読めるくらいに明るくなり、コンビニをはじめ店内の照明は眩しいほどになった。あまりにも無駄だと憤りを感じてはいたものの、時代に流され、やがてそれが当たり前となる。エアコンもビル内や車内などの冬は汗ばむほどで、夏はセーターが欲しいほど冷え込む。経済優先の社会のどこもかしこもから四季が消えた。だが、流れには逆らえないまま歳月が過ぎていく。

そうした現代の象徴が原発だろう。生活は便利にこしたことはないから、「核の平和利用」も「核」であるにはちがいないが、「危ない」「対策を」の主張もつい霞みがち。利便な生活に浸かっていたせいで、結果的には多くが世間に流された。その世間というものを一人ひとりがつくり、自らその世間にはまっていった。

「原発をなくしたら薪の生活だよ。それでいいの？」と、よく言われた。原発と薪を同列に置いて非難するのはキタナイと反論したが、「日本の原発は安全。危険視するのは政治的な思惑でしょう」という強風が吹いていた。素直な疑問や思いも言いづらい日常が確かにあった。

そうした結果が、今、世界中に「東電フクシマ」原発事故の衝撃を与えた。価格的に原発のほうが安くても、建設から運転までの費用にこのたびの賠償額を加えたら、いくらになるのか？いったん事故になると、巨大な数字の費用が重なっていく。当然、経営者も政界も経済界も学者やメディアも周知していたはずだ。なのに……！

原発はこれほどのリスクを抱えていることをわたしたちは確認しあい、熟慮しなければならない。今後、原発に頼らない電力の供給について、わたしたちは未来の人たちのために大きな知恵が必要となった。風力や太陽光などの自然エネルギーも実用化されているが、まだまだ発展途上でしかない。それでも、頼るのは自然界のエネルギーが大きいのだろう。

そのためにも、自然界に畏れを抱きながら、大地の恵みや天の計らいに人間の小さき存在を認めてもらいながら、生きとし生けるものとの共存に敬意を払っていくしかない。「東電フクシマ」原発事故による放射性物質の散乱も、結局は人間のおぞましさから生じたことを肝に銘じて歩まないと、同じことを繰り返しかねない。自然を侮ったことの報いの鞭が、今、わたしたちに振りかざされている。

25年前のチェルノブイリから何を学んだのか。66年前のヒロシマ・ナガサキの被爆者のいのちの犠牲を、私たちはどれほど深くおもんぱかってきたのか。「東電フクシマ」原発事故がいまだに沈静化しない背景は何なのか。日本人とは、私たちとは、どうあらなければならないのか。みんながいのちの重みを感じながら、もっと土に生きる人たちのことを考えなければならないと痛感している。

核燃料棒の溶解（メルトダウン）は3月11日から起こっていたという事実を深刻に受け止めながら、自然界のエネルギーに力と知恵をいただくしかないのではないだろうか。

提言／26

脱原発は人生の軸を変えるチャンス

仙川環《せんかわたまき》
作家

1968年、東京都生まれ。大阪大学医学系研究科修士課程修了後、日本経済新聞社に入社。編集局科学技術部、産業部などで、医療、バイオテクノロジー、介護、科学技術、地域経済などの取材を担当。2002年、『感染』で小学館文庫小説賞受賞。2006年に退社し、小説執筆に専念。著書に、『無言の旅人』(幻冬舎、2007年)、『聖母』(徳間書店、2008年)、『人体工場』(PHP文庫、2010年)など。

6月の第1週、今年初めてのキュウリを収穫。曲がっているけれど、みずみずしく、ほんの少し塩をつけただけで、美味しく食べられました。

私はミステリーやサスペンスを書く傍ら、東京・練馬区で農家の畑の一画を借り、農家の指導を受けながら野菜を作っています。格好よく言えば、小さな農を暮らしに取り入れながら、好きな仕事をして生きる「半農半X」というライフスタイルを目指しています。

今春、農作業を始めたのは、3月下旬のこと。当時、福島第一原発では緊迫した状態が続いていました。不安で胸がもやもやしていて、正直、こんなときに農作業なんて、と思いました。

「区内の農作物で基準値を超える放射性物質が検出されたら、収穫は諦めるように」

提言／26　仙川環
脱原発は人生の軸を変えるチャンス

指導を受けている農家にそう言われ、意気消沈したものです。

それでも、「こんなときだからこそ」と気を取り直し、種を播き、苗を植えました。

私の不安や、世の中の沈鬱なムードをよそに、作物たちはしっかりと芽吹き、根を張りました。

農薬を控えめにしたところ、だいぶ虫にやられてしまいましたが、それでも大根、サニーレタス、キャベツ、ナスなどが、毎日の食卓を賑わしてくれます。

†　†

こんなふうに、震災からおよそ3カ月経った現在、私の生活は落ち着きを取り戻しつつあります。ところが、そのことが現在、胸がもやもやする新たな原因となっているようです。着の身着のままで住み慣れた土地を追われた人びと、被曝しながら事故の処理に当たっている作業員。彼らと私との間には、わずか200㎞ほどの距離しかないのに、この違いはなんなのでしょう。

世の中、そういうものなのだと受け流して、3月11日以前の暮らしに戻ることには抵抗を覚えます。それは、私が他人の痛みが分かる心優しい高潔な人間だからではありません。現状を容認することを自分に許してしまったら、これから自分が書く小説がどれも欺瞞に満ちたものになってしまいそうで怖い、という身勝手な理由だと思います。

ともかく、事故の前と後ではステージが変わった、と感じています。事故の前は、こんなふうに考えていました。

「脱原発が望ましいのは確かだけれど、そう簡単にはいかない。絶対賛成、絶対反対ではなく、幅広い層でエネルギー政策の議論を。まずはそこからだ」

原発はイデオロギーとともに語られることも多いけれど、実際には技術の一つにすぎず、技術そのものに善も悪もないと思っています。コストを含めたメリットとリスクを天秤にかけ、是非を決めたらよいと思うのです。原発の安全神話は信じられないけれど、原発を悪と決めつけ、国や電力会社を声高に非難することにも積極的になれませんでした。

残念ながら、私の考えは甘かったようです。そんな猶予は与えられておらず、事故という最悪の形ではありますが、答えは出たと感じます。

事故の発端は、電源喪失による冷却機能の喪失でしたが、「想定外」という言葉で国や東京電力が釈明をしたとき、ショックを受けました。原子炉本体の技術的な問題ならともかく、電源喪失というのは、素人である私から見ても、本来、想定すべきことを想定していなかったあげくの痛恨の結果と思えます。それを「想定外」という言葉で片づけようとする、片づけられると思っている人たちがいる。いったいどういうことなのかと首をかしげ、言葉が通じないとはこういうことなのかと唖然としました。

原子力という技術そのものを否定するつもりは、今でもありません。安全な形で原子力を利用できる人たちが、この地球上、あるいは宇宙のどこかにいるかもしれません。でも、少なくとも

提言／26　仙川環
脱原発は人生の軸を変えるチャンス

この国の原子力行政、原発運営を担ってきた人たちを、信頼して任せる気にはなれません。

また、ひとたび事故が起きたときの甚大な被害を私たちは目の当たりにしました。事故の前ならともかく、今「リスクはあるけれど、メリットのほうが大きい」とは、到底思えません。脱原発が合理的な選択と感じます。今すぐすべての原発を止めるのはむずかしいかもしれませんが、その方向に向かって舵を切るべきときでしょう。

†　†

事故を機にステージは確実に変わりました。少なくとも、私はそう思います。代替エネルギーの開発、エネルギーの安全保障といった問題は、信頼できる専門家に任せるほかありません。ただ、自分自身もまた、脱原発に向かって具体的な一歩を踏み出すべきときがきた、と感じます。

国や東電に憤ってみても、胸の中のもやもやは大きくなるばかりです。それは、電力を大量消費する社会を容認し、それに依存して生活してきた私にも、責任の一端があるからなのでしょう。

「個人として何ができるのか。それをやるのか」

そこが今、問われているのだと思います。

デモなどに参加して、脱原発の意志を表明するというのは、選択肢の一つとなるのでしょう。たとえば、原発を止めても電力不足にはならない、という専門家の解説はもっともなものに聞こえますし、それを訴えることに意義はあるでしょう。

モノを書く、というのも一つの手だと思います。従来、書いたモノは一部の人にしか読んでもらえませんでしたが、現在はソーシャルネットワークサービスを通じて、誰もが考えを表明できます。モノを書いて生計を立てている人間としては、商売あがったりになるのではないかという不安を抱くほど、その威力は絶大です。

しかし、こんなふうにも思うのです。新しいステージでは、意見を表明したり、議論に参加したりするばかりでなく、省エネルギーを前提とした脱原発社会に対応できるよう、自分自身を変えていくことが求められているのではないか、と。

これは4年前、農・食の問題を勉強し始めたときに感じたことです。

当時、中国産の食品、農産物の危険性が叫ばれており、実際にいわゆる「毒餃子事件」が起きました。同じ問題に関心をもつ人と居酒屋で語りあっていたときに、ふと思ったのです。こんなふうに、居酒屋で話をしていて、何か変わるのだろうか。変わるかもしれない。でも、自分で手を動かしたほうが話は早いいし、確実ではないだろうか。

それ以降、毎年、何らかの形で農にかかわり、今年から小規模で借り物とはいえ、自給用の畑を一人で手掛けられるようになりました。無農薬ではないので、有機・無農薬でバリバリにやっている方からみれば、不完全なものでしょう。とはいえ、私のなかで、農・食の問題は大きく前進しました。

†　　†

エネルギー問題はより複雑で、農業のように簡単にはいかないとは思います。個人でできることも限られているでしょう。でも、何もできないわけではないと思うのです。

現実問題として真っ先に思い浮かぶのは、こまめな節電、ということになろうかと思います。ただ、そういうことを言いたいのではありません。

省エネルギー、脱原発社会に適応しようとすると、私たちの暮らしは、耐えがたいほど惨めで不便になるのでしょうか。

そうとも限らないように思います。農作業を始めたばかりのころは、筋肉痛や日焼けが嫌でしたし、講習会で支給された地下足袋を苦笑いしながら受け取りました。今でも、身体はきついです。それでも、地下足袋を持って、いそいそと農園に通っています。「半農半X」という目標もでき、生き方が変わりました。

さあ、次は脱原発社会です。

今後、何を始めようかと、案を練り、リサーチしています。この原稿を書く前に始められればよかったのですが、秋ごろまでには始めたいところです。

脱原発は、経済停滞などの痛みを伴うかもしれません。でも、個人のレベルで考えると、人生の「軸」のようなものを変え、より自由に生きるためのチャンスとなるような気がします。

提言／27

私が雨を嫌いになったわけ

鈴木耕《すずきこう》

編集者・ライター

1945年、秋田県生まれ。早稲田大学文学部文芸科卒業後、集英社に入社。『月刊明星』『月刊PLAYBOY』を経て、『週刊プレイボーイ』『イミダス』などの編集長。1999年、集英社新書の創刊に参加。新書編集部長を最後に退社し、フリー編集者・ライターに。著書に『目覚めたら、戦争。──過《い》去《ま》を忘れないための現《か》在《こ》』（コモンズ、2007年）、『沖縄へ──歩く、訊く、創る』（リベルタ出版、2010年）、『反原発日記』（マガジン9、2011年）など。

1　放射能に怯えた

あのときの雨は嫌だった。１９８６年のことだ。

私は当時、『月刊ＰＬＡＹＢＯＹ』という雑誌の編集部にいた。その前は『月刊明星』というアイドル雑誌の編集者だった。アイドルを追いかけ、素敵な笑顔の写真を載せ、かわいい文章を書き、ファンの少年少女たちの夢を膨らませてあげる。あっけらかんの仕事だったけれど、編集部にはかなりの理論家（理屈好き、といったほうが似合うか）がそろっていて、「音楽シーンはどうあるべきか」「アイドルとはどういう存在か」「写真表現の限界とは」「日本の出版界の現状は」などと、酔うと議論を闘わせる集団だった。それはそれなりに楽しかったし、編集部の雰囲気も好きだった。でも、私は〝芸能界〟には最後まで馴染めなかったから、異動はうれしかった。『月刊ＰＬＡＹＢＯＹ』は、むろん金髪ヌードがウリの雑誌ではあったが、社会派記事もそれなりの分量を占めていて、私はそれまでのウップンを晴らすように、新しい分野へのめり込んだ。

†　　†

１９８６年４月26日、チェルノブイリ原発で巨大事故が起きた。私が異動して間もなくのころだ。日々のニュースに、私は怯えた。６歳と３歳の娘がいたからだ。

本気で放射能を心配した。ことに嫌だったのは雨。雨が降ると、娘たちを家から出さなかった。遊びたい盛りの子どもたちが泣いても喚《わめ》いても、彼女たちを雨に晒《さら》す気にはならなかった。多摩川が近かったので大好きだった川遊びでも、水の中には絶対に足を入れさせなかった。牛乳だって、産地を確かめ、その地の汚染の度合いを確認してからでなければ飲ませなかった。たぶん、いま子育てをしている若い夫婦の心配は、そのころの私たち夫婦の比ではないだろう。チェルノブイリは遠いウクライナ。だが、フクシマはすぐそこだ。いまも、放射性物質は私たちの上に降り注いでいる。

正直、私たちはもう諦めている。けれど、若い方たちの心根を思うと胸がキリキリ痛む。

最近、「風評被害をなくすために」ということで「ガンバレ東北フェア」などという催しが、スーパーや商店街で盛んに行われている。メディアはそれを〝美談〟のように伝える。しかし、東京電力や政府、原子力委員会、原子力安全・保安院（なんという皮肉な名称か）などの情報がまったく信じられない現在、そんな食べものを「東北を元気づけるため」に食べていいのか。とくに、子どもたちに食べさせていいのか。これは「風評被害」ではない。「実害」なのだ。

仕事上で許容せざるを得ない放射線量を定めた「放射線管理区域」並みの〝ホットスポット〟が、福島県は言うに及ばず東京近郊でも続出している。そんな場所では作物を作ってはいけない。できた作物は、政府が責任をもって買いとるべきだ。子どもに食べさせてはならない。「福島を貶《おとし》める気か」と批判されても、私はそう思う。

汚染された地域で野菜を作ってはいけない。

2　スリーマイル島周辺で起きていたこと

知りたかった。原発とはどういうものか。放射能障害とは何か。

たぶん、子どもがいなければ、いや、いたとしても、あんなに小さくかわいい（と親バカの私は心底思っていたのだ）娘たちでなければ、私の原発への関心は途中で萎《しぼ》んでしまったかもしれない。

私は懸命に原発取材を始めた。広瀬隆さんに初めてお会いしたのはその取材過程だったし、高木仁三郎さんの原子力資料情報室にもお邪魔した。さまざまな話をうかがった。

こんな危険なものが、なぜ日本中の海岸線に乱立しているのか。私の原発への関心は強まった。忌野清志郎の『サマータイム・ブルース』を口ずさみながら取材に走り回った。調べれば調べるほど、学べば学ぶにつけ（どこかで聞いたセリフだが）、私の原発に対する疑念は高まっていく。

１９７９年3月28日のアメリカのスリーマイル島原発事故に関しては、事故後数年経ってから、原発周辺で突然変異の植物が発生したり、牛や豚などの家畜に異変が多発したりしているという情報を聞き込んだ。現地調査した写真家のアイリーン・スミスさんのお宅を訪れ、それらを証拠立てる写真の提供を受けた。衝撃的な写真だ。

その写真掲載をめぐって、かなりの議論になった。「ぜひ掲載して、原発事故の恐ろしさを訴えたい」と主張する私と、「あまりにグロテスクであり、読者の反発を招きかねない。それらの写真が本当に放射能の影響を示すものなのかの確証もない」とする上司との議論だ。私は、アイリーンさんたちが克明に記録したデータをもとに反論した。だが、締切りが迫り、あまりにショッキングな写真数点を除いて誌面構成するという形で決着せざるを得なかった、という記憶が残っている。

その後も、原発関連の記事を何度か扱った。その過程で、ある教授から「東海原発での事故のシミュレーション」という旧通産省作成の分厚い文書を、「誰から手に入れたかを絶対に明かさない」という条件で、入手したこともある。東海原発で過酷事故が起こった場合の、とくに首都圏への影響を克明にシミュレーションしたものだ。数万人の被害を想定した恐るべき文書だったが、なぜか肝心な部分の多くが墨塗りで真っ黒だった。

私は通産省に電話した。

「なぜ、塗りつぶされているのか」

「そんな文書は作成していない」と、最初は突っぱねていた広報(だったと思う)も、こちらの細かい文書内容の指摘に、ようやくそれが内部文書であることを認めた。そのうえで「メーカーの特許に抵触する部分は公表できないから」と答えた。「事故の被害想定と原発メーカーの特許にどんな関係があるのか」と問い返しても、最後まで答えは変わらない。それでも、その文書をもとに、恐ろしいシミュレーションを読み解く特集記事をつくった。

その後、私は『週刊プレイボーイ』誌に移った。今度は副編集長の立場だったので、企画そのものを左右できる権限がある。やがて編集長になり、権力を振りかざして(笑)、何度も原発特集を繰り返した。

東京電力や電気事業連合会(電事連)などには、妙にしつこい週刊誌だと思われたのだろう。東京電力から「ぜひ一度、お話をうかがいたい」と丁重なお誘いがあり、新橋にある巨大な東電本社へ出かけたこともある。〝お話〟が終わって帰りかけると、「ちょっとお席をご用意してありますので、ぜひお時間を」と食事の誘いを受けた。なるほど、銀座も近いし、こうやって記者や編集者は〝落とされる〟のだな。

我が名誉のために書いておくが、むろん私は、せっかくの〝ご招待〟は丁重にお断りした。ご馳走になったのは、お話をうかがう間の日本茶だけである（笑）。

その後、私は『イミダス』や集英社新書などにも関わったが、ずっと原発には関心を持ち続けた。『原発列島を行く』（鎌田慧、集英社新書）の編集なども担当した。

3　夢の跡、無惨な光景

取材でさまざまなところへ出かけた。原発立地の海辺も何度か訪れた。敦賀、柏崎、福島、伊方、六ケ所などだ。どこも、なぜか風景が似ていた。なかでもとくに印象に残っているのは、やはり六ケ所村だ。妙にうら寂れた、だだっ広い場所に、まるで寺院のような大きく反り返った屋根をもつ豪邸がポツリポツリと建っていた。

私が訪れたのは20年以上も前のこと。いまはどうなっているか。あの豪壮な屋敷の多くが、住む人を失って更地になっているとも聞く。時ならぬ大金を手にして妙な連中に引っかかり、逆に借金をこしらえて失踪してしまったという人の噂も聞いた。若い人たちを金でしばりつけてはおけない。多くの若者たちは家を出ていった。そして、家には老人だけが残り、やがて彼らもいなくなった……。残されたのは、まさに、夢の跡。

六ケ所村ほど、政治に翻弄された地域もないだろう。高度成長期に入りかけた1969年に、「新全国総合開発計画」なるものが閣議決定され、それに伴い「むつ小川原開発計画」が浮上。三沢市、六ケ所村、野辺地町が総合開発地域に指定された。ここに、巨大な工場団地を造ろうという計画で、約9600人の住民が立ち退きを迫られる。札束で頬っぺたをひっぱたく、原発立地地域では普通になった光景。

しかし、当時の寺下力三郎・六ケ所村村長は乱開発に反対。村議会も同調し、さらに村内には「むつ小川原開発反対同盟」も結成され、ほぼ村ぐるみの反対態勢が整った。

ところが1972年、「日本列島改造論」を引っさげて田中角栄内閣が成立。土建国家の進撃開始。六ケ所村も暗転し、その大波に翻弄され始める。のちの各地の原発建設で見られる状況が展開されたのだ。凄まじい開発派の攻勢は膨大な開発マネーに支えられ、ついに翌年の村長選で、寺下村長は開発派の古川伊勢松氏に、わずか79票差で敗れた。このとき、どれほどの金が乱れ飛んだのか。私が見た豪邸は、おそらく、その当時の開発マネーと、のちの核施設マネーによって建てられたものだったのだろう。

村は賛成派と反対派に二分された。親戚同士がすれ違っても、派が違えばソッポを向き合う。古い農村共同体は、見るも無惨に崩壊していった。原発建設に伴う地域共同体の崩壊は、全国どこでも見られるおなじみの光景である。

開発推進村長の登場で、六ケ所村では開発が進むかに思われた。だが、1973年に起きた石油ショックが、開発計画に冷水を浴びせた。さらに、1979年の第2次石油ショックが追い撃ち。造成された工場用地への企業誘致は進まず、土地は芒《すすき》ガ原と化した。ほとんど野鳥の天国。

そこへ目をつけたのが、〝原発の父〟、当時の中曽根康弘首相だった。1983年に青森市を訪れた際、「下北半島を原子力の巨大な基地にするのはどうか」と発言。それを受け、電事連が「六ケ所村に核燃施設を」と発表し、受け入れを要請した。企業誘致が進まず、財政破綻に直面していた六ケ所村は、この要請を受け入れる。こうして下北半島は、ずるずると核施設の無間地獄へと堕ちていったのだ。その後、東通《ひがしどおり》原発を受け入れ、マグロで名高い大間《おおま》でも原発工事が始まった。「風評被害」という言葉が流行だが、自らの手でその「風評」を招いている面もある。

福島原発事故を受け、現在は大間原発の工事は中断しているが、岡田克也民主党幹事長は工事続行を表明している。6月5日の青森県知事選では、原発容認派の三村申吾氏が再選された。青森は、ますます核の闇に飲み込まれようとしている。

落選後も「核燃施設反対運動」を続けた寺下元村長は、1999年に亡くなった。残念ながら、私はお会いしたことがない。最後まで意志を貫き通した人の言葉を、ぜひ聞いておきたかった……。

今回の大地震とその余震で、東通原発も六ケ所村の核燃料再処理施設も甚大な被害を受けている。東通原発では一時、福島原発と同様の冷却装置の電源喪失も起きたが、かろうじて回復。かなりの薄氷の幸運だったことは間違いない。それでもなお、運転再開や工事再開を口走る政治家や自治体が存在することに、私は呆然とする。

4 「もっと原発を」

原発を少しでも調べていけば、その闇の深さに慄然とする。そして、金の力がいかに人間の尊厳を傷つけるかが見えてくる。

いわゆる「電源三法交付金」、すなわち「電源開発促進税法」「特別会計に関する法律（旧電源開発促進特別会計法）」「発電用施設周辺地域整備法」という〝麻薬〟だ。むろん、電源開発のための法律だから、原発以外にも使われる。大きな問題となった八ッ場ダム（群馬県）にも投入された。とはいえ、原発関連に使われる額が圧倒的に多いのは事実だ。では、原発から各自治体へ転がり込む金はどれくらいか？

青森県の2011年度の例では、六ケ所村に24億円（村の当初予算130億円）、東通村に55億円（同120億円）の金が落ちている。つまり、六ケ所村では総予算の18・5％、東通村にいたっては実に45・8％が原発マネーなのだ。さらに、青森県への交付金は40億円、使用済み核燃料搬入にかかる「核燃料税」として156億円（県税の約13％）が見込まれている。まだある。原発や核燃施設から遠く離れた青森市や弘前市など県内25市町村も、電事連から4000万円ずつ、計10億円の〝寄付〟を受ける予定だったという（数字は『東京新聞』5月23日、参照）。ばら撒きも、ここまでくればリッパと言うしかない。

こんな財政がまともであるわけがない。

原発立地地域には、あらゆるハコモノが建ち並んでいる。温泉施設、温水プール、体育館、生涯学習センター、老人施設、原発広報センター、誰が使うのかよくわからない巨大な市（町村）民会館……。原発がある場所の風景がどこもよく似ているのは、これらのハコモノが田舎の静かなたたずまいから遊離した奇妙な形で乱立しているせいだろう。

だが、このハコモノの維持費がのちに自らの財政の首を絞めることになる。維持費までは電力会社も面倒を見てくれない。温水プールの水を温めるのにもかなりの費用はかかるのだ。それに、建設工事が終われば土木業者のうまみは失われ、地域に落ちる金も減る。土木業者が地域のボスであるのは、どこでも同じこと。となれば、自治体のとる手段はただひとつ。「もっと原発を」。

もはや、自分たちの手ではどうすることもできない、と諦めている。

福島第一原発のお膝元・福島県双葉町は、北海道夕張市のような財政再建（生）団体の一歩手前（早期健全化団体）まで財政が悪化していた。双葉町が事故前に「もう2基の原発増設」を東京電力へ要請していたのは、そういう事情による。

こうして原発は同じ地域に林立することになる。福島原発は第一・第二を合わせて10基。新潟県の柏崎刈羽には7基。福井県にはすでに14基。原発事故が今回のように連鎖するのは、当然ともいえる。

むろん、他の原発立地自治体でも財政状況は同じだ。たとえば、玄海原発がある佐賀県玄海町では、町の歳入の実に70％を原発に依存しているという。そのため、福島原発がまるで収束の気配さえ見せない6月上旬の段階で、玄海町の岸本英雄町長は、早くも原発運転再開に同意してしまった。金でしばられた町には、独自に生きていく方策はない。危険を承知で原発に頼るしかない。原発が人間を壊す実例だ。

5　金の呪縛からの自由

私は長い間、原発に「ノー」を言い続けてきた。だが、「過酷事故は起こらないだろう」という予測の下だから言い続けてこられたような気がする。

東電や原子力安全委員会、原子力安全・保安院などが根拠もなく言い募る「原発安全神話」に、虚偽や隠蔽の臭いを嗅ぎ、不信感を抱きながら、それでも心の奥底では「安全」を信じたがっていたのかもしれない。ある種のダーク・ファンタジー、もしくは近未来暗黒SF映画を観るような目で、原発を見ていたのかもしれない。

それはまさしく、私も「安全神話」に洗脳されていた、ということだろう。ようやくいま、その洗脳からは覚醒したのだけれど、ああ、やはり遅かったか。

†　†

この本は、「脱原発社会を創る」ための本だ。しかし、申し訳ないが、私にはどうしても、この国の〝明るい未来〟を思い描くことができない。展望がない。ただひとつ展望を見出せるとすれば、それは「金の呪縛から解き放たれる社会」ということ。

はたして、金は人間を豊かにしたか。さまざまな場所を歩き、さまざまな人に会ったけれど、原発と関わった自治体とそこに住む人たちは、一様にある種の戸惑いと後ろめたさを抱えていたように見える。たしかに町や村に金は落ちた。住民の懐も、一時的にせよ少しはあたたかくなっただろう。しかし、それは自らが自らの努力によって生み出した金ではない。

原発が危険なことは、住民のほぼ全員が知っていたと思う。不安を感じていない住民は皆無だったろう。だが、それを口に出すことは、地域からはじき出されるということだった。だから黙り込む。それが後ろめたさ。後ろめたさを抱え込んで黙り込む。物言わぬことが幸せであるわけはない。話せないことが豊かであるはずがない。いまになって、ようやくそれに気づいた。

金の呪縛から逃れるためには、どうすればいいのか。お前はカッコいいことを言うが、では、疲弊したこの町をどうすれば救えるというのか。そう呟《つぶや》く声が聞こえる。私に正解などない。

ただ、知ってしまったのだ。原発は、自然とは対極にある。人間の力で制御できる範囲をはるかに超えたものが原発だった。自然を超えたものと人間は共存できない。そんなものがもたらす金が、われわれを豊かにすることなどあり得ない。とすれば、選択肢は別に考えなくてはならない。ようやくいま、そのスタート台に立ったのだ。遅くはない。歩き始めなければならない。

再生可能エネルギー推進による新たな雇用の増大、省エネ機器のさらなる開発への投資、国産食料の増産、一極集中の都市生活から地方分散型の暮らしへ、パソコン使用による勤務体系の見直し……。考えれば、われわれにはまだ道が残されている。苦しいけれど、そう思うしかない。

† †

この原稿を書いているいまも、小雨が降っている。梅雨だ。子どもが傘もささずに駆けていく。ダメだ、ダメだ、濡れてはいけない。

やはり、私は雨が嫌いだ。

提言／28

脱原発と監視社会

斎藤貴男《さいとうたかお》

フリージャーナリスト

1958年、東京都生まれ。早稲田大学商学部卒業。『日本工業新聞』記者、『プレジデント』編集部、『週刊文春』記者を経て、1991年に独立。この間に英国バーミンガム大学大学院修了（国際学MA）。いわゆる監視社会、格差社会のテーマを切り拓いたことで知られる。著書に、『機会不平等』（文藝春秋、2000年）、『消費税のカラクリ』（講談社現代新書、2010年）、『民意のつくられかた』（岩波書店、2011年）など。

福島第一原発の事故について何かを述べようとするたびに、私は強い自己嫌悪に襲われる。自分には本来、偉そうなことを言う資格などありはしないからだ。

かなり以前から、脱原発のスタンスに立っているつもりではいた。とはいえ、自称ジャーナリストの活動としては、反対運動のリーダーに会って短い評伝を書いたり、市民団体などに頼まれて集会や署名運動の呼びかけ人になったりした程度で、本格的な仕事にしたことはなかった。

正直に白状する。もう、あまり世間に疎まれるのが嫌だった。ただでさえ、監視社会や格差社会、石原慎太郎、憲法問題などについて反権力的な立場で発言し続けて、出版社や新聞社との付き合いをずいぶん切られた。友だちのつもりでいた男たちも離れていった。ネットには根も葉もない誹謗中傷、罵詈雑言の嵐。

それでも、自分が最初に切り拓いたテーマなら、簡単に降りるわけにはいかない。だが、原発は反対運動も盛んだし、専門家や同業の物書きが相当の数の本を出している。今さら後追いで参入して、これ以上、悲しい思いに苛《さいな》まれるタネを増やすこともないだろう、と――。

だから、現実にこうして大事故が発生してしまった後から、声高に脱原発を叫ぶなどという態度はみっともないと考えている。もちろん沈黙を決め込んでいる場合ではないのも確かなので、せめて自分なりに納得しながら発言できるようになるために、少しずつ、少しずつ、勉強と取材を重ねている。まだまだそんな作業の途中の段階なので、大したことは書けない。ただ、現時点でもつくづく許せないのは、原発を推進してきた人びとの歪みきった選民意識だ。

経済的な利益を最優先するならするで、人として最低限は持ち合わせていなければならないはずの躊躇《ためら》いとか嗜《たしな》みといったものが、彼らにはまったく感じられない。「想定外」云々の言い訳と、「どうせ俺らの目の黒いうちは大地震も大津波もないに決まってる」の運任せと、どこがどう違うのか。もっと言えば、「仮に大爆発が起ころうと、死んだり病気になったりはどうせ下々の連中。そんなもんはコストのうちだ。後は野となれ山となれ」。単純なレッテル貼りとのお叱りを受けそうだが、それでも強調するしかない。ここのところをいいかげんにしておいたら、必ず将来に禍根を残す。

で、これからどうするかなのだが、敢《あ》えて書く。復興に臨んで経済大国の再現を夢見てはならないと思う。可及的すみやかに国内にあるすべての原発の運転を停止して、廃炉に持っていく。そして身の丈に合った、ほどほどの国家社会を、今度こそ築き直すべきである。

なぜなら日本は地震国だ。国土が狭い上に山がちで、平野が少なく、地下資源に乏しい。かつて植民地を求めて海外侵略に勤《いそ》しんだ、それらこそが動機だった。植民地を失った戦後はアメリカの支配下で、彼らが殺しまくった朝鮮半島やベトナムの民衆の屍を糧として、空前の高度経済成長を果たした。国内でも水俣病をはじめとする公害禍を次々に生んだ。「くたばれＧＮＰ」の批判も束の間、農業を叩いて食糧の輸入を促し、自給率を引き下げて工業製品による貿易黒字の埋め合わせに回した。政策的に淘汰されたのは零細自営業だ。産業構造の再編成とは、すなわち巨大資本の利益の極大化を意味していた。

　無理に無理を重ねて金儲けに邁進した日本。原発の乱立も規模の経済ばかりを重んじた結果であり、戦後経済史のシンボルだった。憲法九条の存在ゆえに、エリート層の思うようには肥大化できなかった軍産複合体の代替利権、という側面も大きかったのではないか。

　安全神話の大嘘と、徹底的な無責任が呼び込んだダメージは、計り知れない。経済に限らず、国際社会における日本の地位はあらゆる意味で低下せざるを得ないだろう。少子化も確実に加速する。それでもなお、過去の延長線上で「がんばろう日本」「日本は強い国」「日本の力を、信じてる」（ACジャパン＝旧公共広告機構のキャンペーン）とばかりに経済大国の「夢をもう一度」を図れば、インナーサークルの外にいる人間の命も尊厳も以前にも増して軽視されていくのは必定だ。朝鮮戦争やベトナム戦争の特需景気の再現を求める空気さえ醸成される可能性が否定できない。

† †

再生可能エネルギーへの転換を急ぐべきだという、もはや珍しくもない結論に、私もまた辿り着こうとしている。太陽光や風力では不十分だという批判もあるが、もともと何が何でも原発で、それ以外の技術開発は意図的に制限されてきたのだから、それを開放してやれば、伸びしろはいくらでもあるはずなのだ。

やり方しだいで、かえって新しい産業や市場が生まれてくるかもしれない。その結果として再びの経済成長が達成されるのであれば、それはそれで、もちろん嬉しいことではある。

ただし、懸念がなくはない。再生可能エネルギーへの転換が絶対の急務だ、と私が断言できない理由は、それを促進し、電力の供給を最適化・効率化するとされる「スマートグリッド」（賢い電力網）に必然的につきまとう、監視社会化に拍車をかけかねない危険である。なにしろスマートグリッドが実現した社会では、通信機能や負荷制御機能のあるデジタル電力量計「スマートメーター」が各家庭に入り、使用量をはじめ電力に関わる詳細かつ膨大な個人情報がデータセンターに蓄積され、分析されて、〝適切〟にコントロールされることになるのだ。

　政府が住基ネット＝社会保障と税の共通番号＝国民総背番号制度の完成や、街という街に顔認識システムを連動させた監視カメラ網を張り巡らせていく構想を進め、民間ではケータイの使用履歴などから個々人の行動を把握・解析してビジネスに活用（マネタイズ）する「ライフログ・マーケティング」が当然のように展開されている時代に、ひとりスマートグリッドだけが、それらと無関係でいられることはあり得ない。ありがちな「個人情報の自己コントロール権」などという議論をはるかに超えて、「個人一人ひとりの人生は誰のためのものか」という哲学じみた大命題にも発展しかねないのである。

　考えすぎだといい。ただ、スマートグリッドそのものに罪はなくても、それを動かす側の人びとが、またしても選民意識の塊でない保証はないのだ。加えて私たちは、福島第一原発の事故に臨んで立ち上がった誇り高い人びとだけでなく、この期に及んで政府や財界に従順であり続けるだけの人びとを見てしまっている。

　支配と被支配の関係は、それぞれの条件がそろわなければ成立しない。脱原発を果たせるのか否かは、私たち自身がどっぷり漬かっている奴隷根性から、どこまで本気で抜け出す気でいるのかどうかにかかっているのではないか。

提言／29

瀬《せ》川《がわ》至《し》朗《ろう》

早稲田大学教授
元毎日新聞論説委員

原子力とマスメディア

1954年、岡山県生まれ。東京大学教養学部教養学科（科学史・科学哲学）卒業。毎日新聞社でワシントン特派員、科学環境部長、編集局次長、論説委員などを担当。1998年、「劣化ウラン弾報道」で、取材班メンバーとしてJCJ奨励賞（現JCJ賞）を受賞。2008年1月から早稲田大学大学院政治学研究科ジャーナリズムコースの教授として、日本初のジャーナリズム大学院（J-School）創設にかかわる。著書に『健康食品ノート』（岩波新書、2002年）、『心臓移植の現場』（新潮社、1988年）、『英和・和英エコロジー用語辞典』（執筆・監修、研究社、2010年）など。

1　原子力が生んだ新聞社の科学部

私は、毎日新聞社で30年近く記者として仕事をし、その約半分を科学部（現在の科学環境部）で過ごしてきた。科学部は、メディアのなかで原子力問題を扱うメインの取材部門である。

3月11日の東日本大震災をきっかけとした東京電力福島第一原発の事故で、政府や原子力安全・保安院、東京電力、そして原子力専門家の対応や責任を問う報道が行われている。しかし、報道する側の新聞やテレビは、これまで原子力とどう向き合ってきたのだろうか。原子力の取材を経験してきた者として、新聞やテレビなどのマスメディアの歴史的な責任も、また厳しく問われなければならないと考える。自らの不甲斐なさを自省しつつ、マスメディアが原子力とどう関わってきたのかを、歴史的に捉え直してみたい。

全国紙に科学部が創設されたのは、1957年5月の朝日新聞が最初である。同年12月には毎日新聞、1959年には共同通信と、50年代後半の新聞・通信社では、科学部の創設ラッシュという状況が呈された。単独の組織ではないが、読売新聞は、朝日新聞科学部よりも早い1956年に、各取材部門横断型の「科学報道本部」を編集局に創設している。

1957年には、旧ソ連による人類初の人工衛星スプートニク1号の打ち上げがあり、日本では南極観測がスタートした。こうした「科学技術の華々しい応用」が科学部の創設ラッシュの背景となる。

なかでも、創設にもっとも大きな影響力をもたらしたのが、原子力が関係する2つのイベントだったと言われる。一つは原子力の軍事利用で、アメリカがビキニ環礁で実施した水爆実験によって、日本のマグロ漁船「第五福竜丸」の乗組員が被曝した事件（1954年3月）である。もう一つは原子力の平和利用で、当時改進党にいた中曽根康弘元首相が動いて、国の原子力予算が付いたこと（1954年4月）である。1956年1月には政府の原子力委員会、同年5月には科学技術庁（現在は文部科学省に統合）が創設され、原子力発電の導入に熱心だった読売新聞社主の正力松太郎氏が、初代委員長、初代長官にそれぞれ就任した。
当時の新聞をひらいてみると、日本が広島、長崎の原爆や第五福竜丸乗組員の被曝事故という悲惨な経験をしたにもかかわらず、原子力の平和利用について無批判な賛意を示し、原発推進の旗振り役を担っていた姿が見えてくる。たとえば、1957年8月に、茨城県東海村の日本原子力研究所（現在の日本原子力研究開発機構）の実験用原子炉（JRR-1）が初の臨界（核分裂の連鎖的な反応）に達したニュースを、8月27日の毎日新聞朝刊は以下のように報じている。
1面トップ〈「第三の火」ともる〉
「……日本が『原子力時代』に第一歩を踏み入れたことを示した意義は少なくない。やがては我々にはかりしれない福祉をもたらすであろう」
社説〈日本の原子力時代は始まった〉
「……東海村に点ぜられた『第三の火』を民族の希望の巨火に発展させることは、これから我々がどうしても成しとげねばならない仕事である」
「第三の火」とは「原子の火」のことである。毎日新聞は、少なくともチェルノブイリ原発の事故以降、全国紙のなかで原発に対してもっとも慎重な論調を示してきた新聞だろう。ところが、導入期のころは、原子力を「はかりしれない福祉」をもたらす「民族の希望の巨火」になってほしいと手放しで賞賛している。メディアが時流にいかに影響されやすいか、あるいは、歴史的な視点を見失い、いかに近視眼におちいりやすいかを物語っている。

2　イエス・バットが基本論調

1950年代から60年代は各紙ともに原子力推進の論調を掲げたが、公害などの環境問題に注目が集まる70年代になると、原発に対する批判的な市民の声が目立ち始めた。そして、1979年の米国スリーマイルアイランド原発事故、86年のチェルノブイリ原発事故という深刻な事態を経験し、新聞の論調も、原発の安全性に力点を置いたものが増えていく。一方で、「日本の原発では同じような事故は起きない」とする安全神話が、電力会社、原子力専門家などから振りまかれるようになった。

当時の新聞の論調はどうだっただろうか。朝日新聞の科学部長や社会部長を務めたジャーナリストの柴田鐵治さんは、著書『科学事件』（岩波新書）のなかで、原子力に対しては総じて「イエス・バット」だったと指摘している。

「バットの部分に多少の差はあっても、どの新聞の論調も『イエス・バット』だといって過言ではない。朝日新聞はそのなかで最もバットの部分が大きいとはいえるが、けっして『ノー』ではない」

イエス・バットは「はい、そうです。ただ……」というニュアンスで、条件付き賛成という意味である。必ずしも朝日の論調がもっとも原発に対して厳しかったわけではなく、時期によっては、毎日新聞のほうがバットの部分が大きかったと思う。いずれにしても、「ノー」を突きつけた新聞はなかった。

3 「ノー」と言えない7つの理由

日本の原子力施設は、高速増殖炉原型炉「もんじゅ」のナトリウム漏れ事故、燃料加工施設JCOの臨界事故、電力各社の原発トラブル隠しなど、1995年以降、事故や不祥事が相次いで起きている。2007年の新潟県中越沖地震では、東電柏崎刈羽原発の耐震性に疑問符が付き、「原発震災」の観点から安全性が議論されるようになった。新聞でも、安全性を求める論調は以前より増し、安全性についてのさまざまな企画が展開されたものの、決定力が足りなかった。やはり、原発に対する「ノー」という明確なメッセージが欠けていたからではないのか。

新聞に限らず、テレビも含めたマスメディアが原子力に対して「ノー」と言えない理由として、以下の点が考えられる。

①政府、原子力関連委員会、電力会社などの記者会見を報じる「発表報道」が主流。

②脱原発や反原発を考える研究者やＮＰＯ（非営利組織）の存在を軽んじている。
③原発推進を絶対だと考える「原子力ムラ記者」がいる。
④原発を推進する政府や電力会社の広告スポンサーとしての存在の大きさ。
⑤国策として進めてきた原子力に対してノーを突きつける勇気がない。
⑥日々主義（その日その日主義、寺田寅彦の言葉）であり、長期的・大局的な視点で物事を捉える力が不足している。
⑦イベント中心の報道であり、予防原則に基づく報道が苦手である。

ここで詳しく論じる余裕はないが、とりわけ④や⑤の点から、マスメディアにおいて、脱原発や反原発を真正面から論じることがタブー視されてきたのではないかと考える。ここで、原子力担当記者としての私の記者クラブでの経験に少しふれておきたい。

私が科学技術庁の記者クラブを担当したのは、１９９２年である。科学技術庁は日本への原子力導入を推進するために創設された組織であり、当時は原子力と宇宙の研究開発を二枚看板としていた。

科学技術庁での取材を通じて私は、原発は「トイレなきマンション」であることを思い知らされた。日本には「核燃料サイクル」という構想がある。資源小国ゆえに核燃料の効率的なリサイクル利用をめざす循環システムだが、要《かなめ》となる高速増殖炉の研究開発が破綻をきたすなど、実現はおぼつかない。万が一、核燃料サイクルが完成したとしても、放射性廃棄物やコストなどの「ツケ」を将来の世代にまわすという、いびつな構造が強化されるばかりである。

環境倫理学が考える基本的な原則の一つに「世代間倫理」がある。将来世代の権利を認め、世代間の不均衡をなくすという原則であり、「持続可能な開発」というキーワードにつながる考え方だ。原子力はこの世代間倫理に反している。

私自身は、当時から脱原発の考えをもっていた。記者クラブ在籍中は、機密事項がやたらと多い原子力分野の情報公開を中心に、原子力政策の問題点を積極的に提起してきたつもりだ。しかし、役所の人や関係者から「毎日新聞の報道は原子力に厳しい」と受けとめられ、記者クラブのなかで特異な存在となっていた。原子力の研究開発を担う科学技術庁傘下の特殊法人が記者を個別に誘う会合のメンバーからはずされるなど、他社とは異なる扱いを受けたこともある。こうした環境に流されて、脱原発の考えを「自己規制」しながら、取材や記事執筆をしていた自分がいたことに気づく。

4 「大本営発表」報道を脱却できなかった福島原発事故

では、福島第一原発の事故報道をどう評価したらいいのだろうか。

全国紙やテレビの報道を大きくくくれば、政府（官邸、原子力安全・保安院）と東電の発表を基軸にした「発表報道」に終始したといえるだろう。日々起きる新事象の細部におよぶ情報にこだわった結果、原発事故の全体像を市民に伝える営みが疎かにされていたのだ。

また、自己規制をした報道が目立ったように思う。発生直後に報じられていた「炉心溶融」という表現がすぐに紙面や画面から消えたのは、その好例である。その後、燃料棒の「損傷」という表現が用いられることがあった。事故後2カ月以上が経過して、東京電力が1～3号機で燃料棒が完全に溶けるメルトダウン（炉心溶融）が起きていたという解析結果を発表して、再び炉心溶融の問題が大きく取り上げられるようになった。さらに付け加えれば、事故発生当時、多くの人が今回の事故の「最悪のシナリオ」に関心をもっていたが、そのことを取り上げた記事はほとんど見つからなかった。

「ただちに健康に影響はない」という表現の繰り返しもそうだが、パニックを防ぐため、国民に過度の不安を与えないよう配慮した結果だと推察する。だが、国民のほうは、政府もメディアも情報を隠していると、逆に不信感をもってしまった。多くの記者が、厳しい環境のなかで懸命に取材を続け、評価できる検証記事もあったが、総じてみれば、残念ながら発表報道を脱却できていなかったというのが、私の見方である。

原因としては、先にあげた7つの要素のうち、①記者会見や発表の重視、②反原発の研究者や

NPOの軽視、⑥日々主義、⑦イベント中心主義をあげることができる。

5　脱原発社会に向けての3つの提言

これから脱原発社会をどう創るのか。これまで分析してきた内容をもとに、報道・情報の観点から、メディアと大学・NPOを中心に、以下の3点を提言したい。

(1) 脱原発をタブー視しない報道や番組づくりを

マスメディア(地域紙や地方放送局を含む)に対する注文である。

先に述べたように、新聞やテレビには、脱原発や反原発を社論として展開したり、記者の意見として書いたりすることをタブー視する雰囲気があった。福島第一原発事故をきっかけに、この点は大きく舵を切ってもらいたい。脱原発を社論として提示するマスメディアが出てきてほしいし、仮に社論ではむずかしいとしても、記者個人の考えを素直に紙面や放送に出せる環境を整えてほしい。組織に属する「個のジャーナリスト」の意見をできるだけ活かした報道である。脱原発を焦点に各界のオピニオンを積極的に掲載し、議論を喚起するような場づくりも、期待したい。

(2) 能動的な専門ジャーナリストの育成と活躍の場を

メディア全般に対する注文である。

メディアは、記者会見や発表を受け身で報道するのではなく、もっと能動的に報道できる。そのためには、原子力問題に詳しい専門ジャーナリストに活躍してもらう必要がある。とりわけ、民放ではそうした専門ジャーナリストの不在が目につき、スタジオに呼んできた専門研究者の見解しだいという、行き当たりばったりの報道が多かった。専門ジャーナリストの育成は、民放にとって急務である。

その際、気をつけなければいけないのは「御用記者」の問題だ。取材先との一体化、価値観の共有化により、専門ジャーナリストが原子力ムラの代弁者になってしまう恐れがある。私が提起している専門ジャーナリストとは、「専門分野についての的確な知見と将来を見据える先見性を備え、主体的な問題提起の力をもつジャーナリスト」を意味し、御用記者とは真逆の存在である。日頃の取材や文献講読で知見を高め、いざというときに、主体的かつ批判的に問題を読み解ける能力を有する人びとである。マスメディアに限らず、こうした専門ジャーナリストの層が厚くなり、各メディアで幅広く活躍することが望まれる。

手前味噌になるが、科学技術振興機構（ＪＳＴ）の研究開発プロジェクトとして発足させた「サイエンス・メディア・センター（ＳＭＣ）」は、科学的な事象についての研究者の的確なコメントをメディア関係者に伝えていく機能を有しており、福島第一原発事故の際に注目を集めた。科学技術に苦手意識をもつジャーナリストが活用してくれれば、専門分野の内容をより的確に報道する手助けになると考える。ぜひ参考にしていただきたい。

（3）脱原発学の構築を

これは大学やNPOに対する注文である。

脱原発や反原発の運動に取り組む専門家やNPOなどが手がける研究、統計データといった情報が、これまで、ややもすればバラバラに存在し、科学という面でマスメディアから信頼されにくい状況にあったのは事実であろう。一方で、原発を推進する政府や専門家は、権威のある調査会や委員会の名のもとで体裁を整えてデータなどを発表し、マスメディアはそちらの情報を大きく取り上げて報道するという傾向があった。政府や電力会社は原子力に関する情報を独占的に握っており、脱原発の研究者やNPOとのあいだには明らかに情報の不均衡が生じている。

そのなかで、「同じ土俵で」という注文は、少し無理があるかもしれない。しかし、脱原発の視点でさまざまな情報を科学的に分析し、学問的に一つの体系を構築しようという試みが、原発推進にとって大きな脅威になることは、おそらくまちがいない。

これまで、経済産業省や電気事業連合会などは、原子力の発電コストは、他の化石燃料（石油、天然ガス、石炭）よりも「安い」という試算を公表し、原発を推進するためのデータとして宣伝してきた。これに対して、原子力資料情報室などが別の試算を行い、原子力の発電コストが化石燃料に比べて「高い」という報告書を出している。だが、一般には、原子力の発電コストは安いという原発推進側の数字が、より多くの場面で流通しているようにみえる。

意識的に発電コストの問題に注目している人であればご存じだと思うが、原発設備の稼働率など試算の前提条件が異なれば、結果も異なる。都合のよい前提条件をおけば、政府が統計やデータでウソをつくことは可能なのである。こうした試算の正当性あるいは恣意性を多面的に検証することが必要になる。

そのために、大学人やNPOが脱原発の視点からアカデミックなネットワークを築き、原子力の発電コストは本当に安いといえるのか、再処理や放射性廃棄物の処理コストはどのくらいになるのか、原発を停止すると国民の負担は本当に増えるのか——といった課題について、学問的にしっかり分析し、政府や電力業界の言いなりにならない議論の土台をつくってほしい。

脱原発学の構築には、こうした科学的な分析に加えて、原発の問題を批判的に捉え直すための、哲学的・思想的な検討も必要になる。安全・環境という視点での理工学も必要になる。文理の幅広い諸学の結集が、脱原発学の土台になる。

脱原発学は、分野横断的アプローチで、太陽光や風力などの再生エネルギーなどを含めて、脱原発社会をいかに築いていくか探究する学問である。その意味では、持続可能性を柱とする「サステイナビリティ学」との連携が必須だと考える。

提言／30

原子力の軍事利用も平和利用も民衆の生活を破壊する

中《なか》村《むら》尚司《ひさし》

ＮＰＯ法人ＪＩＰＰＯ専務理事

1938年、京都市生まれ。1961年に京都大学文学部を卒業し、アジア経済研究所に就職。1984年に龍谷大学経済学部に転職し、退職後はJIPPO専務理事、PARCIC理事などを務める。当事者性を重視した学問として民際学を提唱し、その具体化を進めてきた。著書に、『地域と共同体』(春秋社、1980年)、『豊かなアジア貧しい日本』(学陽書房、1989年)、『地域自立の経済学』(日本評論社、1993年)、『人びとのアジア』(岩波新書、1994年)など。

１　東日本大震災の報に接して

東日本大震災の直前に私は、スリランカ難民に対する緊急支援事業のモニタリングに出かけた。東北地方の沿岸地域における巨大地震と大津波の報に接したのは、ジャフナやバブニヤの被災地支援の現場である。被災者やＮＧＯ関係者からお見舞いや追悼の言葉を聴き、コロンボでＣＮＮやＢＢＣの報道番組を見て、その被害の大きさに驚いた。

２００４年のインド洋大津波の際にもスリランカに滞在していた私は、鉄道や車両が海に流されたり、逆に大型漁船が丘に乗り上げたり、太平洋沿いの東北地方と似た光景を目撃している。そのとき出会った人びとから、お見舞いの言葉が寄せられ、「私たちに支援できることはないか」という問いかけもあった。「日本の東北地方はまだ寒くて、活動が制約されますよ」と、返事にもならない返事をしたものである。

たまたま、フェアトレードの紅茶やコーヒーを輸入しているNPO法人PARCICの井上礼子代表理事や、南と北の人びとが対等・平等に生きることのできるオルタナティブな社会をつくることをめざすNPO法人PARC（アジア太平洋資料センター）の内田聖子事務局長も、ジャフナ滞在中だった。早速、日本における緊急支援をどう進めるべきか、スリランカで話し合う。そして、井上さんの主唱で、PARCIC現地事務所から被災地支援の経験豊かなスタッフに一時帰任してもらい、新潟経由で東北の被災地に赴いてもらうことにした。

京都に戻って『日経メディカル』（オンライン版、2011年4月20日号）を読むと、色平哲郎医師が次のように書いている。

「いま、南相馬市が〈陸の孤島〉になっている。地震に見舞われ、大津波に襲われ、遭難者の捜索がやっと始まったところで、福島原発事故で〈屋内退避〉を命じられている。援助物資は福島市に届いているのだけれど、南相馬市を〈汚染地域〉扱いにして、車で40分もかかるところまで〈取りに来い〉と言われている状況だった。風評被害がひどい。同市の桜井勝延市長とは10年来の友人だ。昨日、彼は、夜のNHKニュースのなか、電話で窮状を訴えた。しかし、今日17日、直接電話で話してみると、状況はまったく改善されていなかった。国は、南相馬市を見放さないでほしい」

これを読んで、地震、津波および原発事故の三重苦の下にある被災地を訪問しようと思い立った。平和構築や貧困問題に取り組む京都のNPO法人JIPPO（十方）の理事会でも、東日本大震災に対する支援が重要な話題となる。PARCIC理事でもある私は、3月30日に東京から気仙沼に向かう緊急支援チーム（4名）を送り出したあと、京都に戻り、JIPPOとして何ができるか、京都市幹部の知友、龍谷大学NPOボランティア活動センターのスタッフなどの意見を聴いた。近畿地方を中心とする2府5県で構成する関西広域連合では、福島県との連携を図ることになっているという。私自身も福島県における支援活動を模索することにした。

2　南相馬市に赴く

PARC事務局の小池菜摘さんから、福島県北建設事務所の二瓶宏孝さんが南相馬市民の避難所に詰めていると聴き、さっそく連絡を取る。二瓶さんは、日本評論社に在職中、『経済セミナー』誌に連載していた拙稿「地域自立の経済学」の編集を担当した若い友人である。東京からUターンして県職員になっている。東北新幹線は那須塩原駅まで運行しているので、駅まで迎えに来てくれるという。さらに、桜井南相馬市長との面談機会も設定してくれた。

築地本願寺に連絡すると、山本政秀東京教区教務所長の車両が2ｔの支援物資を運んでくれるそうだ。4月2日の午後に那須塩原駅に着き、二瓶さんの車で国道4号線を北上した。運転席には放射線の計測器が置いてある。県庁職員で数年前からガイガーカウンターを持っているのは、2人だけだという。郡山市内では、2マイクロシーベルト前後の放射線数値が表示された。そこかしこに、道路の亀裂や屋根瓦の落ちた家を散見する。ただし、阪神・淡路大震災に比べると、破壊の程度ははるかに小さい。郡山駅東口のスーパーに行き、南相馬市秘書課から依頼のあったレトルト食品やジュースを買い、車に積み込んだ。

二瓶さんの実家は、地震で柱が2本折れていた。私が泊めてもらっているうちに全壊したら困ると思いながら、余震のたびにビクビクする。夜、手作りの夕食をご馳走になりながら、二瓶さんから今回の災害の特徴について話を聴いた。

福島県浜通りの場合、宮城県と異なり、地震と津波に加えて、福島第一原発の放射線漏れが最大の課題である。南相馬市は原発の半径20㎞圏内、30㎞圏内、その圏外にまたがっているため、退避の実情が多様であり、見通しの立たない避難生活が住民を苦しめている。飯舘村（30㎞圏外）と比較すると、放射線計測値は相対的に低い。京都のような遠隔地で、被災者を受け入れる方策を立てるには、もう少し時間をかけて放射能漏れの動向を見守る必要がありそうだ。

翌日は早朝4時半に起床する。気温は氷点下で寒い。午前8時に、東京から駆けつけた山本教務所長一行と合流。飯舘村（3マイクロシーベルトを超える放射線を検知）を経て南相馬市に着いたのは10時過ぎである。市役所は固い岩盤の上に建設されていて、震災による損傷はほとんどない。放射線の測定値も1マイクロシーベルト前後で、郡山市や福島市より低い。救援物資を市役所の倉庫に降ろし、市長と面談予定の12時まで浄土真宗本願寺派の被災寺院を訪問した。

市役所と同じ岩盤の上に建つ常福寺は、大谷石の塀が倒れた程度で、地震による被災は少ない。次に訪問した勝縁寺は地盤の弱い地域に立地していたので、建物も墓地も大きな被害を受けていた。最後に訪ねた光慶寺は、福島第一原発から20㎞圏内にあるため躊躇したが、規制する人もいないので入ることにする。家に戻る避難民が少なくない。弱い砂地をコンクリートで固めただけの地盤であろうか、境内には液状化現象で砂を吹き上げた跡が何カ所も見られた。建物も全壊状態で、再建が危ぶまれる。

市役所では、小柄で痩身の桜井市長が簡潔に現況を話してくれた。

「地震と津波による死者が3月末現在で358名、行方不明は1140名、そして約5000名の市民が市外に避難しています。3月24日以降は自宅に戻る世帯も増えてきました。当面の区域外就学希望が約700件です。食料品店も金融機関も開かず、郵便は届きません。自由に市内を往来したり買い物したりできない現状を改めてほしいと政府に要請しています。原発から20km圏内では、遺体の捜索や収容も思うにまかせないのが深刻な問題です。政府や東電は3月末まで、放射線量の計測も発表もしなかったので、原発の風評被害が多い。そのうえ、ジャーナリストも電話取材ばかりで、40km圏内に近づくのを恐れています。多くの子どもたちがここに住んでいることを忘れてほしくない」

山本教務所長は神戸市長田区にある自坊の被災経験を話し、「長期間の支援を続けたい。さしあたって、若手僧侶のボランティアを派遣し、緊急支援資材を送るつもりだ」と伝え、担当課長を紹介してもらった。私も京都で被災者の子どもや患者の受け入れに努力すると話し、別れ際に「よく眠れない日が続くでしょう。長丁場になりそうですから十分に休養をとってください」と声をかける。

「私はマラソン・ランナーですから、持久力があります」という返事が印象的だった。

3　さしあたって応援すること

これをきっかけに、その後たびたび南相馬市や飯舘村などの原発事故被災地を訪問した。当面は龍谷大学や築地本願寺と協力して、支援物資やボランティアを送っている。しかし、福島第一原発からの放射線漏れが長引くようであれば、土壌汚染に風評被害も加わり、現地で農業や農産物加工に従事する道が断たれる。したがって、もっと長期的な支援策が望まれる。戦時中の学童疎開の経験を活かして、親を亡くした子どもたちの受け入れにも取り組むべきであろう。

ＪＩＰＰＯ事務局の高木美智代さんと相談して、私たちがコーディネーターを務められそうな事業を構想してみた。短期的な緊急支援、中期的な避難所の設営、長期的な移住地の準備の順で進める必要がある。

近年、京都市に編入された旧京北町《けいほく》には、過疎化や高齢化により耕作放棄された農地が少なくない。そのような地区に南相馬分村を移設し、廃校された小・中学校を活用することも可能であろう。今後も蓄積放射線量が増える一方なら、こうした事業の推進が必要となる。その場合、京都市だけでも教育委員会、農林振興室、住宅室など多くの関連部局と調整しなければならない。

18世紀後半に起きた天明の大飢饉では、相馬地方の人口が3分の1に激減した。その際、真宗門徒が北陸から相馬に大移住したように、今度は逆に県外への移住が可能かもしれない。相馬地方は、上渋佐《かみしぶさ》古墳群（桜井古墳など）が展開した古代文化の揺籃《ようらん》の地である。近世では相馬野馬追が受け継がれ、現在でも、行政も市民も沸き立つような興奮のもと、7月下旬の野馬追を楽しんでいる。文化交流も魅力的だが、もし移住が実現すれば、耕種農業だけでなく、果樹、畜産、内水面漁業、林産物や農産物の加工業などの展開へと夢が広がる。

短期的な緊急支援の一環として、本願寺派僧侶の坂原英見師の提案で、福島物産の販売を始めることにした。福島県観光物産交流協会から被災地の物産を仕入れ、販売利益は災害支援にあてる。1年間は続けようと考えている。これは思いのほか広がりを見せ、京都市内各地だけでなく、滋賀県や福井県などでも始めたいとの問い合わせを受けた。東京では築地本願寺の境内を利用して、築地中央市場が特設の販売所を始めた。

また、原発の被災地では、学校生活が著しく窮屈だ。数校の生徒が被害の少ない学校に集まり、廊下や講堂を間仕切りして教室の代用をしている。放射性物質が怖いから、マスクをして登校する。運動場は使えず、窓ガラスも開けられない。そこで、暑い季節を迎える前に、エアコンを教室に設置する企画を立て、空調機メーカーの協力を得て進めている。さらに、野外の遠足もなくなり、修学旅行の計画も立てられない。せめて夏休みだけでも福島県外の高原での野外活動に連れ出せないか、と南相馬市教育委員会に提案した。そうした機会を通じて、孤立しがちな被災地住民との交流を深める試みが必要である。

4　決定権は当事者に

たまたま宮崎県の酪農家と会う機会があり、口蹄疫による殺処分のため、多くの牛舎が使われていない実情を知る。早速、宮崎県の農協中央会を通じて、家畜の移送方法を福島県の畜産関係者と話し合ってもらった。ところが、放射線を浴びた家畜の移動に厚生労働省の許可が得られず、頓挫している。放射線は感染しないので、線源を断てば、伝染病のように恐れる必要はないはずである。これも風評被害のひとつかもしれない。

6月10日、相馬市の畜産農家が「原発さえなければと思います」と堆肥舎の壁のベニヤ板にチョークで書き遺して、首をつって死亡した。原発事故で人が死ぬのは、放射線の殺傷力によるとは限らない。高学歴のエリートが支配する「原子力ムラ」社会が、畜産農家を殺すのである。

この場合も、臨界値を超える核分裂の連鎖反応が放射性物質を放出して人命に危害を加えたのではない。私の見聞の範囲でも、人命に損傷を与える放射性物質以上に、原発事故をめぐる社会関係の急変が人びとを苦しめている。

チェルノブイリ原発事故から福島原発事故まで、25年が経過している。この25年間に多くの人びとが亡くなった。ロシア・チェルノブイリ同盟のビャチェスラフ・グリシン会長の談話によれば、被災地で現在までに約10万人が死亡したという。死亡率が被災しなかった地域よりも高いか低いかは、判然としない。だが、次の言葉は重要である。

「死者の2割近くは自殺か、アルコール依存症の悪化で自殺同然の死に追い込まれた人々だ」

(『日本経済新聞』2011年6月11日)

原発事故は、放射能よりも強い力で人びとの社会的な絆や連帯を切り裂く暴力である。私の知るかぎり、チェルノブイリと福島の共通点は、中央集権的体制による被災者政策だ。ロシア革命の成功以来、ソ連邦共産党は初期の列強による干渉との戦いから始まり、第二次世界大戦と「冷たい戦争」による軍拡競争のもと、体制の解体前夜まで強権的な軍事体制を維持してきた。日本社会も幕末の開国以来、菅直人内閣の「第二の開国」に至るまで、強権的な集権体制を維持してきた。開国後、国民皆兵体制を採用し、北海道に屯田兵を送り、琉球処分を断行。さらに、台湾の領有権を獲得し、サハリン南部と千島を植民地化し、「日韓併合」以降も戦争に次ぐ戦争の軍事体制を築いてきた。大本営や参謀本部は、国民に不安を与えないため、戦況を開示することなく退避を指示した。

1945年の広島・長崎の悲惨な経験は、新しい体制を模索する絶好の機会であった。しかし、駐留軍の軍事支配、朝鮮戦争とベトナム戦争特需による経済再建は、軍事体制を問い直す機会を失わせる。今回の原発事故に際しても、SPEEDI（緊急時迅速放射能影響予測ネットワークシステム）をはじめ、欧米のメディアで公表されている放射性物質の放出情報も被災者に知らせぬまま、避難地域を指定している。国民に不安を与えないため、「ただちに健康に影響はない」と強調しながら、原発周辺地域に居住し続けることを許さない。驚くべきことに、メディアも国策に翼賛し、政府発表をそのまま繰り返して何ら恥じることない。

市民社会においても、福島原発事故は被災者の生活困難とは別に、原発推進派と反対派のせめぎ合いの場になっている。福島県の放射線健康リスクについて、推進派の専門家は「年間100ミリシーベルト以下の低放射線量なら大丈夫、もしくは健康被害が証明されていない」と言う。反対派の専門家は「そのような言動が、自主避難を妨害する役割を果たしている」と反撃する（市民社会フォーラムML〈civilsocietyforum21@yahoogroups.jp〉件名：[civilsocietyforum21] 山下俊一・長崎大学教授との直撃問答)。

エントロピー学会の世話人代表を引き受けていた20年前も現在も、私自身は原子力発電所の新設や増設には反対である。だが、原発事故が起きた以上、最大の課題は放射性物質が放出される地域に住む人たちの生活だ。被災地の当事者に対して具体的な情報を提供しないまま、一定の放射線量をめぐって避難すべきかどうかを決めるのは間違っている。90歳を超える老親とともに避難することの苦渋を切々と話してくださった、飯舘村の農家の悲痛な声を忘れることができない。去るも地獄、残るも地獄。自らの暮らしを変えることなく議論できる推進派や反対派と違い、当事者は数世代にわたる生活の根拠を捨てるかどうか、瀬戸際に立たされているのである。

この苦痛に満ちた判断は、放射線照射による治療を受けるかどうか思い悩むガン患者の例に似ている。喉頭ガンによる声帯切除の外科手術を受けたものの、悪性腫瘍がすべてなくならなかった私の場合、放射線照射によりガン細胞を消滅させることができた。このような経験をもつガン患者は、全世界に増加している。また、病院によっては、放射線照射に用いられる核種と線量の多様化が進み、福島原発作業員の線量基準を超えることも少なくない。この場合、退避するかどうかが政府の指示で行われる福島原発事故と異なり、放射線治療を受けるかどうかは当事者の患者が決める。

5　核実験による大量の放射性物質の放出

広島・長崎の原爆投下に先立って、アメリカ合州国で行われた臨界値を超える核分裂装置の製造と実験が行われて以来、世界は放射性物質による被災について多くの知見を積み重ねている。駐留軍の厳しい統制下にあったとはいえ、原爆傷害調査委員会(Atomic Bomb Casualty Commission)は原子爆弾による傷害の実態を詳細に調査・記録してきた。その後、人類の生活圏にもっとも多くの放射能の放出を行ったのは、ノバヤゼムリャ(ロシア)、ビキニ環礁(米国)、ロプノール(中国)、ムルロア環礁(フランス)、クリスマス島(英国)の核実験である。水素爆弾を含む強力な放射線を放出する大規模な実験は、半減期の長いストロンチウムやプルトニウムも含めて、軍事目的のために続けられた。

いうまでもなく、ロシア、米国、中国、フランス、英国の核兵器保有国は、平和を達成するために必要な核実験だと主張している。米軍は、故意に放射性物質を環境に放出し、その影響を調べる実験まで行った（大杉泰「悪魔の「人体実験」の被害——放射線はどんな影響を及ぼすのか」『アエラ』2011年6月13日号）。このような核実験は実験であるがゆえに、それぞれの軍事大国が詳細なデータを保有している。国会審議でよく議論される国際原子力機関（ＩＡＥＡ）や国際放射線防護委員会（ＩＣＲＰ）などの放射線量に関する国際的な基準は、核兵器を独占する５大国の実験成果でもあることを忘れてはならない。

線量基準値を高くしている理由のひとつに、核兵器の独占体制を維持したいという軍事的な戦略もある。**表１**が示すとおり、核実験による大気圏への放射性物質の放出量は、チェルノブイリ原発事故による放出量の３３５〜５００倍にも達する。

この表の参考欄は１００万kW軽水炉原発炉内の放射性物質の存在量である。福島第一原発には、合計６基もの沸騰水型原子炉が設置されている。46万kW（1号機）、78・４万kW（２〜５号機）、１１０万kW（６号機）の合計４６９・６万kWである。事故当時、運転停止中だった４〜６号機を含め、どれだけの放射性物質が存在したかは発表されていない。事態がまだ流動的なので最終的に放出される放射性物質の総量は予測できないが、仮に約20％とすると、チェルノブイリ原発事故より多い。このように、今回の原発事故による放射性物質の放出は非常に大きな問題である。ただし、核実験による放出量はそれをさらに大きく上回っていることを忘れてはならない。

表１　大気圏核爆発とチェルノブイリ原発事故により放出された主要な放射性物質の総量

核　　種	半減期	大気圏核爆発(PBq)〈a〉	チェルノブイリ原発事故(PBq)〈b〉	(参考)100万kW軽水炉原発炉内存在量(PBq)〈c〉
トリチウム 3	12.3年	188,000		
炭素 14	5730年	213		
マンガン 54	312.3日	3,980		
鉄 55	2.73年	1,630		
クリプトン 85	10.72年		33	21
ストロンチウム 89	50.5日	138,000	80～116	3,600
ストロンチウム 90	29.12年	733	8～10	140
イットリウム 91	58.51日	141,000		4,400
ジルコニウム 95	64.0日	174,000	140～196	5,600
ニオブ 95	36日			6,600
モリブデン 89	2.76日		168～210	5,900
ルテニウム 103	39.3日	291,000	120～170	4,100
ルテニウム 106	388日	14,400	25～73	930
アンチモン 125	2.77年	873		
テルル 129 m	33.6日		240	198
テルル 132	3.28日		1,000～1,150	4,400
ヨウ素 131	8.04日	788,000	1,200～1,800	3,100
ヨウ素 133	20.8時間		2,500	6,300
キセノン 133	5.25日		6,500	6,300
セシウム 134	2.06年		44 ～ 54	280
セシウム 136	13.1日		38	110
セシウム 137	30.0年	1,120	74～88	170
バリウム 140	12.7日	894,000	160～240	5,800
セリウム 141	32.5日	310,000	120～200	5,600
セリウム 144	284日	38,100	90～140	3,100
ネプツニウム 239	2.36日		945～1,700	
プルトニウム 238	87.74年		0.03～0.035	2.11
プルトニウム 239	24085年	6.52	0.03～0.033	0.78
プルトニウム 240	6537年	4.36	0.042～0.053	
プルトニウム 241	14.4年	142	5.9～6.3	
プルトニウム 242	376000年		0.000	
キュリウム 242	163 日		0.9～1.1	
総計		2,989,000	5,960～8,930〈d〉	59,300〈d〉

（注１）空欄は出典文献に掲載がないことを意味する。
（注２）PBq ＝ペタベクレル＝ 1000 テラベクレル＝ 1000 兆ベクレル。ベクレルは、放射能の強さを表す単位で、１秒あたりに破壊する原子核数。
（注３）〈a〉原子放射線の影響に関する国連科学委員会、「2000 年報告書　放射線の線源と影響　第Ⅰ巻」付録C、表２、表９より作成。
〈b〉原子放射線の影響に関する国連科学委員会、「2000 年報告書　放射線の線源と影響　第Ⅱ巻」、付録１、表２より、いくつかの推測値から作成。

〈c〉３年運転した時の炉内存在量（出典：米国原子力委員会、原子炉安全研究：NURBC-75/014（WASH-1400）、付録Ⅵ（小出・瀬尾論文より引用）。

〈d〉大気圏核爆発では希ガスのデータがないので、比較のため希ガス（クリプトン 85、キセノン 133）を除いて総計とした。

（出典）湯浅一郎・梅林弘道「核爆発による放射能汚染を再考する」『核兵器・核実験モニター』2011 年４月 15 日号。

6　放射能との「共生」

宇宙ステーションで作業する飛行士は、原発で働く作業員よりもはるかに多い放射線の累積線量を受ける。日本国政府は莫大な予算を投入して、放射能汚染に満ちた宇宙船に飛行士を乗り組ませている。メディアも称賛の声を上げるばかりである。放射能汚染牛の移動を許さない人たちも、宇宙飛行士の体験談を小・中学生に聴かせようとする。もっとも、人類生活の本拠地が太陽系内の惑星であるかぎり、放射線を避けて生きることはできないと考えれば、これは放射能との「共生」を学ぶ試みでもある。

湿地保存に関する国際条約で有名なカスピ海のほとりにあるラムサール（イラン）は、世界でも自然放射線量が高いことで知られている。平均でも年間10ミリシーベルトを超える。このような自然放射線量の高い地域は、インド、中国、ブラジルなど欧米以外に多い。妊婦も幼児も住んでいる地域であり、疫学調査が行われているが、とくにガンの発症率が高いという事実は確認されていない。長期的に放射能と「共生」している人びとが、この地球上に存在することは否定できない事実である。西側の大国ではないという理由からこれを無視するのであれば、「第一の開国」も「第二の開国」も脱亜入欧の開国にすぎない。

核兵器で敵を殲滅するのが原子力の軍事利用であり、原発事故処理で地域住民を抑圧するのが原子力の平和利用だとすれば、軍事と平和は地続きである。福島原発事故の現状は、原子力の平和利用と軍事利用の区別があり得ないことを肝に銘じたうえで、事故後の地域社会づくりに取り組むべきことを教えてくれる。放射性物質の放出が続くかぎり、目をそむけて逃げるだけではすまない。事故後に迫りくる放射性物質の大量放出と向き合いながら、放射能と「共生」する道を探し続けよう。

１９４０年代から原子力軍事利用の長い歴史をもつ米国は、繰り返した核実験を通じて、放射線被曝が人体に及ぼす影響に関する詳しい情報をもっている。社民党の村山富市内閣から民主党の菅内閣まで、日本政府は防衛計画大綱を改定するたびに、いわゆる核の傘として、米国の核兵器に依存することを明記し、巨額の「思いやり予算」も計上してきた。そうである以上、軍事機密とはいえ、福島原発の被災者のために、過去の実験データの提供を求めるべきである。

福島原発事故が発生してからというもの、被災地の人びとは見えない放射能の脅威におののいている。私のような部外者が、当事者の苦難を感受できると言えば、途方もない思いあがりだ。しかし、放射線照射を受けたガン患者として、私もまた乗り越えがたい苦しみをかかえて生きている。原発事故被災の当事者にはなれないものの、互いの苦しみを少しでも分かち合えれば、放射能との「共生」の第一歩であろう。

想像力の翼を手に入れよう——あとがきに代えて

ふり返れば、原発という化け物に翻弄された人生でした。

20歳のとき、スリーマイル島原発事故（1979年）が起き、ショックを受けた私は関連書籍をむさぼり読み、原発に反対するデモや集会に加わりました。政治学徒にもかかわらず、「原発——近代科学技術のビヒモス（陸の化け物）」という文明論が卒論です。そこで論じたのは、原発に象徴される西欧の科学技術文明はいずれ滅びる、オルターナティブな（もうひとつの）文明に転換しよう、というものでした。以来、文明転換が私のライフワークになります。

チェルノブイリ原発事故から3年後の1989年、脱原発法制定の1000万人署名運動が展開されました。この年、NHKは4夜連続のNHKスペシャル『いま、原子力を問う』を放送し、私も担当記者として取材に参加します。番組では総力を結集し、原発の危険性、高コスト、そして脱原発の可能性について明らかにしましたが、世論は動きませんでした。天下分け目の決戦は敗北に終わりました。

私は翌年、組織を辞めました。文明転換を果たすために、いわば「脱藩浪士」の道を選んだのです。原発の対極にある適正技術の推進に身を投じ、フィリピンのごみ捨て場で井戸を掘ったりしました。その後も、オルターナティブな生き方や暮らしを自分なりに追求してきたつもりです。しかし、まさか、この日本でフクシマのような事故が起きるとは思いもよりませんでした。日本の技術陣がここまで愚かだとは思っていなかったからです。

この未曾有の事故に際し、何ができるか。コモンズ代表の大江正章さんと高田馬場の居酒屋で話し合いました。大江さんも、出版活動を展開しながら有機農業運動を続ける「脱藩浪士」です。結論はすぐに出ました。

「この夏以後、国民的な論議を盛り上げるためにも、その叩き台となる本が必要だ。ぼくらで本を創ろう」

そうやってできたのが本書です。50日の突貫作業でしたが、50人余の方々に声をかけ、30人が提言を執筆してくださいました。執筆者の皆さまに、この場を借りて深く感謝申し上げます。

本書で保坂展人世田谷区長が指摘しているように、フクシマ後のいま、脱原発はもはや政治的テーマではありません。また、纐纈あや監督が述べているように、想像力を解き放たないかぎり、目前にある深刻な危機、いのちの危機を感じ取ることはできないのです。

その想像力の翼を手に入れるためにも、ぜひ本書を読んでいただきたい。多くの人たちに脱原発を考える素材として本書を使っていただきたい。そう願ってやみません。

2011年6月下旬

瀧井 宏臣

脱原発社会を創る30人の提言

二〇一一年七月一五日　初版発行
二〇一一年七月二〇日　二刷発行

著　者　池澤夏樹・坂本龍一ほか

編集協力　瀧井宏臣
発行者　大江正章
発行所　コモンズ
東京都新宿区下落合一—五—一〇—一〇〇二
TEL〇三（五三八六）六九七二
FAX〇三（五三八六）六九四五
振替　〇〇一一〇—五—四〇〇一二〇
info@commonsonline.co.jp
http://www.commonsonline.co.jp/

印刷・東京創文社／製本・東京美術紙工
乱丁・落丁はお取り替えいたします。
ISBN 978-4-86187-084-2 C0030